财商：
小富翁的赚钱秘籍

丛书主编：方　圆

本册主编：钱　红

参编人员：郭　翔　胡伟红　段立珠
常　虹　段东涛　汪　鹏
牛　袁　古　丹　夏　天
黄　盛　陈卫平　张学兰
宗以晴

重庆出版集团　重庆出版社

图书在版编目（CIP）数据

财商：小富翁的赚钱秘籍 / 钱红主编 .— 重庆：重庆出版社，2013.6
ISBN 978-7-229-06738-0

Ⅰ.①财… Ⅱ.①钱… Ⅲ.①财务管理—青年读物②财务管理—少年读物 Ⅳ.① TS976.15-49

中国版本图书馆 CIP 数据核字(2013) 第137411号

财商：小富翁的赚钱秘籍

CAISHANG: XIAOFUWENG DE ZHUANQIAN MIJI

丛书主编：方 圆
本册主编：钱 红

出 版 人：罗小卫
责任编辑：康阳梅
美术编辑：崔 琦
版式设计：范召浩

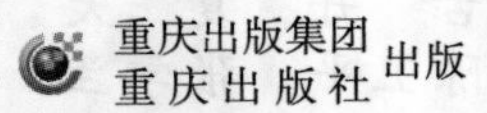
重庆出版集团
重 庆 出 版 社 出版

重庆市长江二路 205 号 邮政编码：400016 http://www.cqph.com
重庆华林天美印务有限公司印刷
重庆市天下图书有限责任公司发行
重庆市渝北区财富大道 19 号财富中心财富三号 B 栋 8 楼 邮政编码：401121
淘宝官方购物网址：http://ktnwts.tmall.com
全国新华书店经销

开本：787mm × 1 092mm 1/16 印张：8 字数：150 千
版次：2013 年 12 月第 1 版 印次：2013 年 12 月第 1 次印刷
书号：ISBN 978-7-229-06738-0
定价：18.00 元

如有印装质量问题，请向重庆市天下图书有限责任公司调换：023-63659865

生财有道，打造完美财商养成计划

财商（Financial Intelligence Quotient），简称FQ，指一个人与金钱（财富）打交道的能力，具体体现在两个方面：一是正确认识财富及财富增长规律的能力；二是正确利用财富及财富规律的能力。这种与金钱（财富）打交道的能力，就是我们在这个经济社会中的生存能力，可以理解为一个人对其所有财富，包括金钱、房产等有形资产，以及人脉、品牌、时间、技术等无形资产的认知、获取和运用能力。

在物质文明日益发达的今天，财富在人们日常生活中的作用越来越明显，它不但决定了人们衣食住行的质量，甚至影响到人们的世界观和幸福感，对此有人夸张而贴切地形容道："我们的每一次呼吸都带着金钱的味道。"特别是第二次世界大战以后，总体和平让世界各国进入前所未有的繁荣时期，经济得到极大发展。电脑、电视、手机……以前科幻小说中才有的物品都成为现实。人们只要拥有足够的财富，就能享受到高科技带来的便利：不出门就可以通过快递服务吃到来自世界各地的美味，通过购物网站买到时尚衣服和新奇玩具，通过通讯软件与千里之外的朋友和家人会面……伴随着物质的这种爆炸性增长，不少青少年在财富面前迷失了自己，或好逸恶劳、不思进取，安于享受父母创造的财富；或懵懂无知，不知如何获取财富；或贪图享乐，变成金钱的奴隶；或急于求成，盲目投资……种种迹象表明，对青少年进行财商培养的要求十分迫切。

小孩子对一切都有强烈的好奇心，包括金钱。教育心理学家认为，5~14岁的小孩对自己的人生和未来已经作出了许多重要决定，14岁以后，家长和老师将很难再让他们去接受新的观念。因此，最好的财务教育时机就在孩子们最渴望学习的时候。如果他们小的时候懂得了一些财务知识，那么当他们长大之后就会自然地形成好的财务和投资习惯。因此，对孩子进行财商培养，要从小抓起。

日本人教育孩子有一句名言："除了阳光和空气是大自然赐予的，其他一切都要通过劳动获得。"犹太人的财商教育是告诉孩子们关于钱的最核心的理念——责任。孩子知道钱是怎么来的，也就更进一步地知道了节俭。而且，不光要节俭，还要懂得付出，懂得慈善。英国人的财商教育方针是提倡理性消费，鼓励精打细算，并且把他们这种理财观念传授给下一代。在英国，儿童储蓄账户越来越流行，大多数银行都为 16 岁以下的孩子开设了特别账户，有 1/3 的英国儿童将他们的零用钱和打工收入存入银行和储蓄借贷的金融机构。同样，美国父母把财商教育称之为“从 3 岁开始实现的幸福人生计划”，美国家庭让孩子干家务换取零用钱，使孩子认识到：即使出生在富有的家庭里，也应该有工作的欲望和社会责任感。金钱是把双刃剑。富裕的生活本身不会对孩子有害，但是如果缺乏健康完善的价值观的指导，那么它就会对孩子产生负面影响。

但是，在中国，财商教育还没有得到足够的重视。我们推出的《财商·小富翁的赚钱秘籍》一书，通过一个个生动有趣的故事，培养青少年努力获取财富的意识，告诉他们：金钱是劳动的报酬，只有付出劳动才能获取金钱；引导青少年制定自己的用钱计划，树立节俭消费、适度消费、绿色消费等正确消费观 ；学会让财富保值增值，理性地投资理财；懂得财富取之于社会，故要回馈社会，让财富变得更有意义和价值，对青少年的财商养成有很大的帮助。

本套丛书共有 5 个分册，即《智商：换种眼光看世界》《情商：善良的种子会开花》《财商·小富翁的赚钱秘籍》《逆商：看谁坚持到最后》《德商：用爱点亮一盏灯》，分别从智商（IQ）、情商（EQ）、财商（FQ）、逆商（AQ）与德商（MQ）5 个方面，对孩子个人素质的养成进行全方位的引领与帮助。

本套丛书具有以下特点：

短小精悍——书中的每一个故事篇幅都不长，但都能引人深思，不但避免了长篇大论、枯燥乏味的说教，而且能够深深烙印在读者心中。

画龙点睛——对每一个故事都进行了深入浅出的解析，起到画龙点睛的作用，让孩子在阅读的同时潜移默化地提高个人修养。

趣味测试——每章最后都设有趣味测试，不但增强了趣味性，而且能够使孩子和家长进行有效的互动。

文化积累——故事不仅仅只有教育的作用，还能使孩子的阅读能力得到增强，从而形成自己丰富的文化积累。

在当今复杂多变的社会环境中，青少年素质养成显得尤为重要，但家长和孩子常常感到非常迷茫。《青少年成长必读丛书》的问世，不但告诉了家长一个科学分析孩子性格的方法，还能培养孩子从另一个角度认识自己。

孩子们，我们相信，拥有这一套丛书，你终将抵达梦想的殿堂，拥有一个更加完美的人生。

目录 CONTENTS

第一章

积极进取——争做"富一代"

第二章

获取财富——一切都要通过劳动获得

第三章 勤俭节约——树立正确的消费观

第四章 投资理财——让财富保值增值

第五章 投身慈善——财富的一种修行

第一章 积极进取——争做“富一代”

“富二代”是指那些生活条件优越，接受过良好的教育，拥有丰富的社会资源的富家子女。然而在当今社会，一些“富二代”已沦为炫富、拜金、好逸恶劳，甚至违法乱纪的代名词，如李天一、张默等。但是，放眼国内外，也有不少顶级富豪的后代有着很不一样的人生。他们不屑以富爸爸为靠山，不愿生活在父辈的光芒之下，而是倾尽全力把父辈的事业发扬光大，或走一条属于自己的路，如冯绍峰、吴尊、彼得·巴菲特等。

为何同是“富二代”，却有如此迥然不同的两种人生呢？这自然取决于财商的高低：前者只注重物质享受，挥霍无度，任性妄为；后者注重创造财富，使财富增值，并在创造财富的过程中实现个人价值。即使有个富爸爸，我们也应该具备赚钱的意识，因为富爸爸的财富无法给予我们一个有意义的人生。

“富二代”没有什么值得羡慕的，我们每个人都应争做“富一代”，积极进取，成就自己的辉煌人生。

财商代表：**彼得·巴菲特**
财商关键词：**兴趣**
财商值：**80**

我从“股神”父亲那里得到的

来源：《分忧》　作者：彼得·巴菲特　翻译：李有观

我父亲（美国著名投资家、“股神”沃伦·巴菲特）经常被引用的一个信条是：“做父母的如果有能力，应该给孩子足够的财产，让他们可以做任何事，但是不要给太多的财产，以至于他们无所事事。”

我在19岁时获得了自己继承的那份财产——我父亲把出售一座农场得来的钱，变成了伯克希尔·哈撒韦公司的股票。当我得到这些股票的时候，它们的价值大约为9万美元。

该如何处理这些钱呢？我当时还是斯坦福大学的学生，遗产继承不附带任何条件。我本来可以完全不管这些股票，让它们留在账户里，不再理会。如果我当时选择了这种方式，那么我的股票的价值现在将高达7200万美元。我没有做出这样的选择，而且一点儿也不后悔。我这样说，人们可能会认为我不是撒谎就是疯了，然而这恰恰是真的，因为我用我的积蓄换得了比金钱更宝贵的东西——时间。

我继承那笔财产后，下定决心从事音乐事业。作为一个积蓄有限的务实的美国人，我知道自己必须想办法把创作冲动变成谋生手段。

但是，该如何做呢？我怎样才能找到听众或者顾客，或者利用某种方式出售自己创作的东西？我没有一点儿头绪，但是越来越清楚：守在大学里是搞不明白的。

于是我决定离开斯坦福大学，用我获得的财产购买需要的时间，并在这段时间里搞清楚自己能否在音乐上取得成功。

在父亲的帮助下，我做好预算，尽可能使资金细水长流。我搬到了旧金山，在那里我生活得很节俭：住小公寓，开旧汽车，唯一的大笔支出是补充我的录音设备。我弹钢琴、作曲，尝试电子音乐。然后，我在《旧金山纪事报》上刊登广告：任何新人都可以来我的音乐室录音。

我期待着，终于等到了好运气。1981年的一天，我正在旧金山的人行道旁清洗我那辆旧汽车，一位只有点头之交的邻居从那里路过。

他问我靠什么谋生。当我告诉他自己是个勉强能糊口的作曲家时，他建议我和他的女婿联系，说他的女婿是一位动画片制作人，永远需要配乐。于是我和他的女婿取得了联系，他果然有工作给我。他受别人委托，制作一条长度为十秒钟的插播式广告，广告的目的是要闪出一个标志，为一个新创立的有线电视频道进行品牌推广。

我接下了这份工作，之后那个有线电

视频道简直一飞冲天。它的名称叫“音乐电视(MTV)”。不久，许多电视台都想学习“音乐电视”的视听效果，从此我不必再干没有报酬的工作了。

我获得的财产并不算多，但是它比多数年轻人得到的创业本钱都多。实事求是地说，拥有这笔财产是一种优势。如果一开始就必须自食其力，我也许无法走上音乐道路。

假如我选择在华尔街做事，我父亲会帮助我吗？肯定会的。假如我要求在父亲的伯克希尔·哈撒韦公司工作，他会给我一份差事吗？我想也会的。但是，无论做出哪种选择，我都有责任证明自己确实觉得从事那些领域是我的真正使命，而不是简单地选择阻力最小的道路。我父亲也不会为我选择容易的出路创造条件，因为那不是给我帮助，而是压抑我的发展。

财商分析

作为股神巴菲特的儿子，波得·巴菲特并没有坐享其成，而是另辟蹊径，从事自己钟爱的音乐事业。他从股神巴菲特那里得到的最大财富，不是股票，而是不惧困难的创业精神。

财商借鉴

兴趣不仅是学习的最好老师，也是创造财富的最好老师。

财商代表：**李泽楷**
财商关键词：**个性、独立**
财商值：**80**

李嘉诚的“逆子”李泽楷

来源：《钱江晚报》 作者：赵 晨

“在父亲的资金支持和自己的努力之下，李泽楷积累了10位数的财富。”《福布斯》给出的这个评语，可能会让李泽楷不高兴，因为他最大的理想就是独立于父亲，摆脱“李嘉诚之子”这个称谓。

俗话说：“打虎亲兄弟，上阵父子兵！”但这句话用在李嘉诚父子身上却不合适。在商场上，李泽楷赢得了“小超人”的声誉，可是却被人看成是一个不听父亲教诲的不肖之子。

李泽楷性格刚直，叛逆不阿，让老父头痛不已。据李泽楷的挚友杨敏德回忆：“（李泽楷）从来就不是个乖孩子。很小的时候，他就敢和父亲争辩。”12岁那年，李泽楷不顾父亲的劝阻，独自一人跟在父亲的私人游艇后冲浪，且大获成功。杨敏德说，李泽楷对独立完成事情总是兴致勃勃。稍大后，他对开快艇、驾飞机、潜水打鱼这些被父亲屡次劝阻的活动，都极为嗜好。17岁那年，他甚至潜水捕捞了一条鲨鱼，送给父亲。

13岁那年，李泽楷跟随被斯坦福大学录取的哥哥去了美国。李嘉诚的本意是兄弟两人有个照应，不料到了美国后，李泽楷与哥哥极少往来，甚至连父亲为他在银行里准备的一笔存款都没有动用，而是靠在麦当劳打工，以及当高尔夫球童，来挣取自己的生活费。高尔夫是李嘉诚最为喜爱的体育运动，后来却成为李泽楷最为痛恨的运动。因为当球童要背负沉重的球棒袋，致使其右肩拉伤，至今旧伤还屡屡发作。

1984年，李泽楷进入斯坦福大学学习，不过，他选择的专业不是家人寄予厚望的商科，而是当时发展前途尚不明朗的计算机。在斯坦福学习期间，创造了新经济财富神话的吉姆·克拉克和杨致远，对李泽楷的影响甚大。特立独行的李泽楷，在这片自由的天地里如鱼得水，对任何新鲜的东西都充满了兴趣。

1987年，从斯坦福肄业的李泽楷没有回到香港，而是进入加拿大投资顾问公司哥顿资本公司工作。这是他对金融交易兴趣的开始。后来，在解释自己为什么没有干本行计算机工程时，李泽楷说：“因为这一行有学问的人太多了，很难赚到快钱。”1990年，李泽楷深爱的母亲庄月明突然病逝。回港奔丧的李泽楷，在父亲的劝说下，进入和记黄埔（和黄）工作。卫星电视是李泽楷在和黄打的漂亮一战。从1990年6月立项至1991年开播，再至1993年突破重重阻碍，与曾经的强劲

对手——九龙仓的有线电视结盟，李泽楷大获成功。

然而，让人惊讶的还不止于此。1993年7月23日，李泽楷只身一人，与全球传媒大王默多克在地中海的一艘游艇上谈判两个小时，成功地以9.5亿美元将卫视易手。而李家当初在这个项目上的投入，仅为1.25亿美元！当时，李泽楷不过27岁。人们最津津乐道的是他在谈判桌上的表现，据说面对“国际老姜”默多克，李泽楷表示，自己公务繁忙，谈得成就谈，谈不成的话，私人飞机正在岸上等候，他一分钟也不会多留，“逼”得默多克匆匆忙忙签下高价协议。

带着从盈利中分成的4亿美元，李泽楷置李嘉诚开出的和黄总裁一职于不顾，在老父惊愕的眼光中，“出走”家门，独立创业。

1993年8月，李泽楷宣布成立私人公司盈科拓展。6年后，盈科数码动力公司借壳上市，股价一天狂升23倍，李泽楷的身家达到379.6亿港元，成为香港第四大富豪。人们戏言，“老超人干一辈子，不如小超人搞一下子。”2000年2月，李泽楷成功取得120亿美元贷款，击溃新加坡电讯和新闻集团，将香港电信收入囊中，更名为电讯盈科（电盈）。这是李泽楷最为辉煌的巅峰，但也是他“滑铁卢”的开始。半年后，全球互联网泡沫破裂，电盈连年巨亏，直至2004年才扭亏为盈。

2006年，从年中“吵”至年终的“电盈收购风波”，让李家父子的恩怨较量到达了顶点。

2006年6月20日，在两家外国资本——澳大利亚麦格理银行和美国新桥高溢价报价的诱惑下，早已不堪电盈重负的李泽楷，不顾第二大股东中国网通集团的坚决反对，执意套现出局。

“李泽楷疯了！”市场惊呼。把李泽楷“逼疯”的原因很简单，电盈连年颓势（股价从最高120港元跌至最低时仅为0.92港元），早已让李泽楷无颜见江东父老。作为电盈主席，他已数年没有出席公司的股东大会。

然而，这样的做法显然不是凡事以和为贵的李嘉诚所愿意看到的。但老父只能徒呼奈何，因为他也是才从报纸上知道儿子的决定和困境的。据称，李嘉诚曾前往李泽楷办公室，欲商谈解决之道，李泽楷却有意滞留在外不归。李嘉诚久候不至，只好留下字条，怅然离去。父亲的介入，恰恰是李泽楷最不愿意看到的。对于父亲的建议，他的做法是：以“不说话，不来往，不见面”的“三不政策”，来抗拒父亲的好意。

外界对此评论道：“父亲想帮忙，儿子不领情。”

财商分析

李泽楷具备独立的财富观念和理财能力，因此能在与父亲产生分歧的时候坚持自己的选择。不管他的选择正确与否、结局如何，他总归实现了自身价值，而非活在父辈阴影下的傀儡。

活出自我，独立理财。**财商借鉴**

财商代表：**索罗斯**
财商关键词：**独立、兴趣**
财商值：**90**

做你自己

来源：《索罗斯给女儿的信》　作者：索罗斯

你们的父亲是位投资家，是个勤奋的人，尽其所能地学习新的知识来赚钱，所以才能在37岁时退休。我想告诉你们的是，我从这些经验中所学到的东西。

善用自己的智慧

在生命中，总会有某个时刻需要你做非常重要的决定——关于你的工作、家庭、生活，关于住在哪里，关于怎么投资你的金钱。这时，会有很多人愿意向你提供忠告，但是记住这句话：你的生活是你自己的，不是别人的。

别人的忠告当然有对的时候，但事实证明，这些忠告无用的次数更多。你必须靠自己研究——尽可能学习面对挑战的本事，自行判断信息的真伪，并自己做决定。你天生就有能力为自己的最大利益做最好的决策。在大多数情况下，经过自己的思索，比违背自己的意愿而听从他人的建议，更能做出正确的决策，并采取正确的行动。

我记得小时候读过一篇关于游泳健将唐娜·迪薇罗娜的报道。报道指出，早期她是个不错但并非顶尖的游泳选手，但是她后来却在奥运会中拿到两块金牌。究竟发生了什么事？她回答记者说："以前我老是在注意别的游泳选手，但是之后我就学会无视她们，游我自己的泳。"

被嘲笑的想法反易成功

假如周遭的人都劝你不要做某件事，甚至嘲笑你根本不该想着去做这件事，你就可以把这件事当做可能成功的指标。这个道理非常重要，你一定要了解：与众人反向而行是很需要勇气的。事实上，这个世界上从不曾有哪个人是只靠"从众"而成功的。

我用中国给你举个例子。过去人家都说那不是一个值得投资的国家，直到二十世纪九十年代末之前，几乎没有西方人真的试着在中国投资过。但是，假如当时有人把钱投资在中国的话，他现在已经发大财了。

做你自己

仔细观察每个领域的成功者，不论是音乐家、艺术家或是什么专家，他们之所以成功，都不是因为模仿别人。

我要你以这种勇气追求自己的理想与抱负。父亲是个成功的投资家，并不意味着你也必须成为投资家。我希望你做到的就是做你自己，一个忠于自我、独一无二的自己。

但是你一定、一定要记得，在做你认为正确的事情之前，要尽自己所能先做好

功课。找出任何可以到手的资料，仔细研究，彻底分析，直到完全确定你的想法是正确的，绝对不要在还没这么做之前采取任何行动。你会发现，那些不成功的人通常是没有花时间研究，就贸然涉足一个他们不了解的领域。更糟糕的是，他们拒绝学习，结果赔上了宝贵的时间与金钱。

全身心投入你最有热情的东西

该怎么做才会成功呢？答案非常简单：做你热爱的事。我在投资方面会成功，因为那是我最喜欢做的事。但你不必非得成为一位投资家。假如你喜欢烧菜，就开一间自己的餐馆；假如你擅长跳舞，就去学跳舞；假如你喜欢做园丁，说不定你以后会拥有一家全球园艺连锁店。想成功，最快的方法是做你喜欢做的事，然后全力以赴。

假如选择了一个你不关心的领域，你就不可能有希望获得成功。

财商分析

金融天才乔治·索罗斯，从1969年建立“量子基金”至今，创下了令人难以置信的业绩：平均每年35%的综合成长率，让所有的投资专家都望尘莫及。他并没有“富养”女儿，而是用切身经验指导她如何成功，让她做一个不受父辈影响的独立个体。父母的教育观念，对子女财商的形成影响非常大。

做自己喜欢的事，在愉悦中创造财富。**财商借鉴**

财商代表：**洛克菲勒**
财商关键词：**勤奋**
财商值：**95**

财富是勤奋的副产品

来源：《洛克菲勒留给儿子的38封信》　作者：洛克菲勒

亲爱的约翰：

很高兴收到你的来信。在你的信中，有两句话很是让我欣赏，一句是“你要不是赢家，你就是在自暴自弃”；另一句是“勤奋出贵族”。这两句话是我的人生座右铭，如果不自谦的话，我愿意说，它正是我人生的缩影。

那些不怀好意的报纸，在谈到我创造的巨额财富时，常把我比喻为一部很有天赋的赚钱机器。其实他们对我几乎一无所知，更对历史缺乏洞见。

作为移民，满怀希望和勤奋努力是我们的天性。而我尚在孩童时期，母亲就将节俭、自立、勤奋、守信和不懈的创业精神等美德，植入了我的骨髓。我真诚地笃信这些美德，将其视为伟大的成功信条。直到今天，在我的血液中依然流淌着这些伟大的信念。而所有的这一切，结成了我向上攀爬的阶梯，将我送上了财富之山的顶端。

当然，那场改变美国人民命运与生活的战争，让我获益匪浅。真诚地说，它将我造就成了令商界啧啧称奇而又望而生畏的商业巨人。是的，南北战争给予了民众前所未有的巨大商机，它把我提前变成了富人，为我在战后掀起的抢夺机会的竞技场上获胜，提供了资本支持，以至后来才能财源滚滚。

但是，机会如同时间一样是平等的，为什么我能抓住机会成为巨富，而很多人却与机会擦肩而过，不得不与贫困为伍呢？难道真的像诋毁我的人所说，是因为我贪得无厌吗？

不！是勤奋！机会只留给勤奋的人！自我年少时，我就笃信一条成功法则：财富是意外之物，是勤奋工作的副产品。每个目标的达成，都来自于勤奋的思考与勤奋的行动，实现财富梦想也是如此。

我极为推崇“勤奋出贵族”这句话，它是让我永生难忘的箴言。无论是过去还是现在，无论是在我们立足的北美还是在遥远的东方，那些享有地位、尊严、荣耀和财富的贵族，都有一颗永不停息的心，都有一双坚强有力的臂膀，在他们身上都散发着毅力与顽强的光芒。而正是这样的品质，让他们成就了事业，赢得了尊崇，成为顶天立地的人物。

约翰，在这个无限变幻的世界中，没有永远的贵族，也没有永远的穷人。就像你所知道的那样，在我小的时候，我穿的是破衣烂衫，家境贫寒到要靠好心人来接济。但今天我已拥有一个庞大的财富帝国，已将巨额财富注入到慈善事业之中。变幻如同沧海桑田，生生不息。出身卑贱和家境贫寒的人，通过自己的勤奋、执着追求和智慧，同样能功成名就、出人头地，成

为一名新贵族。

一切尊贵和荣誉都必须靠自己的创造去获取，也只有这样的尊贵和荣誉才能长久。但在我们今天这个社会，富家子弟处在一种不进则退的情况之下。不幸的是，他们中的很多都缺乏进取精神，却好逸恶劳，挥霍无度，以至有很多人虽在富裕的环境中长大，却不免将在贫困中死去。

所以，你要教导你的孩子：要想在与人生风浪的博击中完善自己，成就自己，享受成功的喜悦，赢得社会的尊敬，高歌人生，只能凭自己的双手去创造；要让他们知道，荣誉的桂冠只会戴在那些勇于探索者的头上；告诉他们，勤奋是为了自己，不是为了别人，他们是勤奋的最大受益者。

我自孩提时代就坚信，没有辛勤的耕耘就不会有丰硕的收获。作为贫民之子，除去靠勤奋获得成功、赢得财富与尊严，别无他策。上学时，我不是一个一教就会的学生，但我不甘人后，所以我只能勤恳地准备功课，并能持之以恒。在我 10 岁时我就知道，要尽我所能地多干活，砍柴、挤奶、打水、耕种，我什么都干，而且从不惜力。正是农村艰苦而辛劳的岁月，磨练了我的意志，使我能够承受日后创业的艰辛；也让我变得更加坚韧不拔，塑造了我坚强的自信心。

我知道，我之所以在身陷逆境时总能泰然处之，包括我的成功，在很大程度上都得益于我自小建立的自信心。

今天，我尽管已年近七十，但我依然搏杀于商海之中，因为我知道，结束生命最快捷的方式就是什么也不做。人人都有权力选择把退休当作开始或结束，但那种无所事事的生活态度会使人中毒。我始终将退休视为再次出发，我一天也没有停止过奋斗，因为我知道生命的真谛。

约翰，我今天的显赫地位、巨额财富，不过是我付出比常人多得多的劳动和创造换来的。我原本是普普通通的常人，原本没有头上的桂冠，但我以坚强的毅力、顽强的耕耘，孜孜以求，终于功成名就。我的名誉不是虚名，是血汗浇铸的王冠，些许浅薄的嫉恨，都是对我的不公平。

我们的财富是对我们勤奋的嘉奖。让我们坚定信念，认定目标，凭着对上帝意志的信心，继续努力吧，我的儿子。

爱你的父亲

财商分析

美国石油大王洛克菲勒认为自己没有天赋，完全是通过比别人更辛勤的劳动博得了财富、名誉和地位。即使富甲天下，他也不在金钱上放任孩子，从小让他们劳动挣钱、记录收支，以培养其勤劳节俭的美德和艰苦自立的品格。

只有辛勤工作，才能换来财富。

财商代表：**吉娜·莱因哈特**
财商关键词：**勤劳、独立**
财商值：**90**

未来全球女首富

来源：《中关村》　作者：张　悦

她的父亲是被许多澳大利亚人视作民族先驱的朗·汉考克，也是世界上蕴藏量最大的铁矿的发现者。20年前，她从老爸那里继承了并不景气的矿业公司。她扭转乾坤，让这个公司起死回生，从而打造出一个新的财富神话，并且使自己的身家达到180亿美元，直逼世界首富。也许在不久的将来，她就会成为全球首富。她就是澳大利亚汉考克勘探公司的掌门人——吉娜·莱因哈特。

含着金钥匙出生

1954年2月，吉娜·莱因哈特出生于澳大利亚最富裕的家庭之中。其父朗·汉考克，凭借汉摩斯利河谷中铁矿的发现和开发，成功跨入澳大利亚最富裕人群的行列。

不像其他家庭的富家女从小就娇生惯养，父母在莱因哈特很小的时候就把她放在寄宿学校读书，使莱因哈特练就了非常强的独立生存能力。当许多少女还在好奇地学化妆、追明星的时候，莱因哈特就热衷于在矿场上搞调研。的确，莱因哈特身上遗传了父亲的很多特质。比如，她可以为了一个矿产项目计划的推进和落实，在工地上连续工作七天以上，而且一天只休息三个小时。另外，关于莱因哈特的一个经典故事是，在莱因哈特21岁时，她竟然大胆建议父亲“用核爆炸的方式来加快开矿速度”。虽然莱因哈特至今未能将自己的想法付诸行动，但人们能从中发现她超越其父辈的勇敢、灵敏和进取的商业精神。

充满争议的“铁娘子”

很少在公共场合抛头露面，不接受任何媒体的采访，莱因哈特在商业圈里被看成是一个极度低调的人。尽管如此，她也无法挡住扑面而来的各种外界评价。

很多人认为，与父辈的筚路蓝缕相比，莱因哈特只不过是一位得天独厚的遗产继

承者。而且，正是由于政府认可并维系了汉考克公司的经营垄断权，才造就了莱因哈特的矿业帝国在澳大利亚一家独大的地位。的确，父辈遗产让莱因哈特有了发展的基础，可莱因哈特当时从父亲手中接过的公司，却是一个债务缠身、经营困难的矿业企业。其后，她与继母长达十四年的官司，一度令公司风雨飘摇，最艰难时甚至只能靠收取矿区使用费勉强度日。但从2004年起，莱因哈特凭借超人的商业头脑，力挽狂澜，开发父亲生前没有充分开发的矿区，使家业越做越大。

值得注意的是，除了铁矿资源开发外，前不久莱因哈特还将触角伸及澳大利亚北部的煤矿。不仅如此，莱因哈特还利用家族产业的雄厚资本，收购了澳大利亚多家电视媒体的股权，使汉考克公司从传统产业正式迈向新兴产业领域。显然，莱因哈特并非一个坐吃山空的“富二代”，而是一位出色的财富继承人和精明的企业经营者。

财商分析

莱因哈特从富爸爸手里继承的遗产是：一个债务缠身、经营困难的矿产企业，以及和继母长达14年的官司。要不是她具有超人的商业头脑，以及勤恳的工作态度，而是坐吃山空，她不仅不能将家族的事业扩大，而且很可能早就穷困潦倒、一蹶不振，甚至身陷囹圄。

除了财产，从富爸爸那里继承的更应该是勤恳、奋斗的精神。

财商借鉴

财商代表：**吴尊**
财商关键词：**勤劳、独立**
财商值：**80**

演艺、生意两手抓

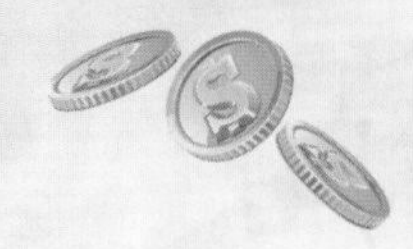

来源：《投资有道》 作者：郝 妍

台湾知名组合"飞轮海"成员吴尊，天生一副阳光帅气的外表。他凭借着自身不俗的条件和努力的打拼，在台湾出道三年就迅速蹿红，所到之处常常引来粉丝们的尖叫。

但除了作为歌手和演员的身份在公众面前出现外，吴尊还有另一个身份——商人。他在文莱有两家超级豪华的健身房，而且还担任了一家世界知名手表公司、两家营养品公司及多家健身器材公司的代理商。

常常有人说，吴尊天生就带有一种贵族气质。的确，在文莱出生的吴尊是个富家子弟，父亲是文莱家喻户晓的地产大亨，大伯被文莱王室封为地位尊贵的"甲必丹"。就算是吴家一间普通的酒店开业，文莱的体育部长也会亲自赶去剪彩。吴尊一家人住在市区一幢4层高、面积过万平方英尺的豪宅里，拥有私人的游泳池、篮球场等。相传，这座豪宅保安十分森严，除了有四条恶犬看家，更有一名练泰拳的保安坐镇。

或许是从小就耳濡目染，吴尊很小就有了储蓄的意识，也培养了一种独立自主的性格。"我从小到大都不太喜欢向家里要钱，13岁的时候，我就开始存钱了。爸爸每个月给我的零用钱，通常我只会用一半，余下的一半会存起来，因为我每年都会去旅行，这笔钱就留下来Shopping，不用再向爸爸要钱了。"

吴尊15岁那年，就策划举办了一场文莱全国大学校际杯篮球赛，赚进青少年时期的第一笔收入：文莱币1000元（折合约700美元）。

"要吸引大学生组队参赛并不难，我学NBA里的三分比赛、得分高手、篮板王等模式，传真、发传单给各大专院校，请他们组成五人一队来报名。因为我安排的游戏比一般比赛好玩，一来就是三十队，每队收文莱币80元报名费，就有2400元进帐；现场的运动饮料、奖杯都是我一个一个找厂商免费赞助的，扣掉裁判费50元、租金500元及其他开销，我还净赚了1000元。"吴尊说。

而在他17岁时，在和朋友一起出去打台球解闷的时候，有心的吴尊发现，小小的台球店成本不高，却能吸引年轻人，赚钱应该很容易。于是，他和好友共同出资，一人拿出文莱币15000元，台球店就这样开张了。

不过，吴尊的台球店除了可以打桌球外，聪明的他还将自己在澳洲学会的各式各样的花式调酒和饮料，引入到自己的桌球店。这在当时的文莱算是首创了。而且，这一创意也的确为吴尊的台球店带来了很高的人气和可观的收入，不到几个月，前期的各项投入就回本了。

"赚钱的生意一定有人模仿，附近一窝蜂开了许多撞球店。"吴尊说。后来，趁着店里的名气正高，他说服合伙人把店

顶让出去，结算下来，两人各赚了文莱币15000元，还有店里的电视、音响、撞球桌等“战利品”。

成名之前，吴尊在澳大利亚皇家墨尔本理工大学念工商管理专业。从小的家庭熏陶，加上之后在大学里系统的学习，让吴尊在商场上也小有成就。2004年，他自己投资500万元，开了文莱第一家健身会所，取名“Fitness Zone”。2008年，吴尊获颁文莱“达鲁萨兰”杰出青年企业家奖，成为该奖史上最年轻的获奖者。

或许是因为自身条件很优越，之后的吴尊去新加坡当过模特，然后再由朋友介绍到台湾的伊林模特经济公司做模特。一次偶然的机会，吴尊被可米的制作人发掘，拍摄了《东方茱丽叶》，后来组合“飞轮海”也邀请他加入。就这样，吴尊在亚洲地区一下子红了起来，成为不少少女心目中的“白马王子”。

拍电影，发唱片，接广告……成为偶像明星之后的吴尊，生活无疑更加繁忙了，但是他却从来没有疏于打理自己在文莱的生意。在拍摄《东方茱丽叶》的时候，一起工作的同事常常看见吴尊一休息就抱着自己的笔记本电脑忙碌。了解他的人都知道，他是在通过电子邮件处理文莱的生意。

2007年，吴尊在文莱的第二家健身房也开业了。这也是全文莱最大的健身房。这次他投资了800万元。开业当天，很多媒体都赶去参加，人气非常旺。

但是，为什么吴尊会选择开健身会所呢？

上中学的时候，吴尊就是学校篮球队的主力队员，还曾代表文莱国家篮球队参加过比赛。后来，他在姐夫的鼓励下开始健身，并渐渐喜欢上了健身。吴尊很看好文莱的健身市场，所以他开始向邻国菲律宾学习经验，并从菲律宾的一些健身房“挖墙角”，一下子带回了20位员工。此外，健身房的器材、装璜等，都是吴尊亲手包办的。目前，吴尊的健身房是全文莱设备最好的，会费却不是最贵的，就连文莱国王的儿媳也是健身房的VIP会员。

但是，在经营的过程中，吴尊也遇到了一些麻烦的事情，最棘手的无疑是人员的管理。因为现在大部分时间都在台湾工作，所以在管理上只能利用电子邮件等沟通工具。家里人也会帮忙看生意，不过吴尊坦言，让他伤心的员工不少。因为他对员工都很好，所以员工们都不怎么怕他，有些员工甚至得寸进尺，有偷窃的行为。对此，吴尊也很无奈。他说：“老实说，我只希望他们尊敬我，不需要他们怕我，如果是那种要鞭打他才会动一动的人，迟早都会被我开除。我需要的是有责任心，会主动为公司着想的员工。”

财商分析

飞轮海成员吴尊，从小就表现出经商天赋，进入娱乐圈后忙拍戏也忙生意。这跟他的家庭背景脱不了关系，但更关键的是他自身具有强烈的经商欲望和工作意识，而不是耽于享乐，好逸恶劳。

财商借鉴

经商天赋和工作意识，两者缺一不可。

财商代表：**郑亚旗**
财商关键词：**节俭、勤劳、独立**
财商值：**80**

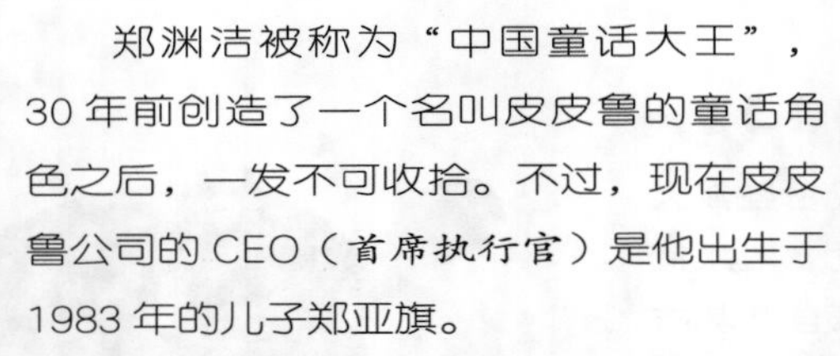

父子比拼生财之道

来源：《南方周末》　作者：贺大卓

郑渊洁被称为“中国童话大王”，30 年前创造了一个名叫皮皮鲁的童话角色之后，一发不可收拾。不过，现在皮皮鲁公司的 CEO（首席执行官）是他出生于 1983 年的儿子郑亚旗。

小学毕业便辍学的郑亚旗，在家庭式的“私塾”教育中，穿梭于童话故事之间：15 岁和别人搞网站建设，接一个单挣四万；16 岁一领到身份证，就跟老爸借钱十万炒股；最窘迫时在超市搬鸡蛋，一箱挣五毛钱；18 岁在报社技术部上班，升上主任，站稳脚跟之后，却果断辞职，选择将皮皮鲁品牌发扬光大。

“别人都说，怎么你创业都离不开你

爸，办《皮皮鲁画报》，开‘皮皮鲁讲堂’，其实都是靠你老子给你写稿，给你讲课。别人怎么评价我不管，我只知道，如果有个金饭碗，你却要因为所谓的‘骨气’和‘面子’把它废弃在一旁，才是蠢事。”

早些年在郑亚旗辍学之后，郑渊洁自编了十来本“教材”培养他，像《皮皮鲁和419宗罪》《老爸再送你100条命》，内容涉及法律、生活自救等，后来陆续出版。现在郑亚旗长大成人，反过来“教育”老爸：为什么不开讲堂，以一种新的方式推广“家族品牌”呢？

郑渊洁是作家思维，一开始并不同意，说既然已写成了文字，就没必要再开讲堂。郑亚旗反驳道：“孔子和苏格拉底一个字没写，但都是大师、伟大的教育家。”郑渊洁最终被儿子说服，现在他对“皮皮鲁讲堂”乐此不疲。

2004年底，经过儿子多次怂恿和“激将”，郑渊洁答应把童话造型“皮皮鲁”改编成漫画。和以往一样，郑渊洁是《皮皮鲁》系列漫画的唯一撰稿人，而主编则由郑亚旗担任。这是父子俩第一次合作。“他不想把自己变成一个商人，那我来。”郑亚旗说。

创办初期，郑亚旗颇有决心，他曾毙掉了郑渊洁新写的60篇《迷你皮皮鲁童话》中的42篇，把从不拖稿的老爸整得叫苦连连。“小学二年级，他就告诉我：18岁前，你要啥有啥，18岁后，你要啥没啥，还得养我。现在，我是他老板，是他的合作伙伴，我要给他发工资，这样也挺好。18岁前他是我老子，他说了算，可18岁后，他还得被我改造。”现在这份画册已变身为一本杂志，并俨然成了郑亚旗运作校园活动的“特刊”。

儿子包装老爸的生意，老爸则把儿子包装成了一个精明、人脉活络的创业者，一名成长路径独特但性格洒脱、成熟的年轻人。现在，“轻资产、做品牌”已成为郑亚旗经营“皮皮鲁”的理念。他陆续完成了“皮皮鲁”在杂志、讲堂、游戏等平台上的呈现，并计划把系列故事拍成电影或制作成动漫，进而将人物卡通形象授权给其他公司，做玩具、服装等衍生产品。

财商分析

不少年轻的“富二代”过着挥霍无度的生活。郑亚旗18岁后却没有从郑渊洁处得到任何经济支持，而是到处打工，积累经验，并且运用现代IT和营销技术帮父亲拓展事业，其高财商由此可见一斑。

财商借鉴

有个富爸爸是先天优势，我们可以利用这一点，但不能仅仅依靠这一点。

财商代表：**冯绍峰**
财商关键词：**勤劳、独立**
财商值：**80**

靠自己而不是老爸进入董事会

来源：《意林》　作者：李　唐

2011年年底，某娱乐网站做了个女人最想嫁的“富二代”的调查，冯绍峰完胜“京城四少”，位居第一。他的父亲是身价10亿的纺织巨头，作为唯一继承人，冯绍峰将接管家族生意。

但冯绍峰更喜欢被称为“富一代”。实际上，他也是个吸金好手。他的片酬标准是20万一集，仅在2011年，他在电视剧方面的进账就超千万。加上代言娇韵诗、天梭、杰尼亚等品牌，以及电影片酬和商演走秀，其年收入早已突破2000万大关。

会花钱的“富二代”很多，会赚钱的“富二代”却很少。冯绍峰为我们讲述了他从“富二代”到“富一代”的故事：

如果没有意外的话，我本该是这样的生活状态：入则豪宅，出则跑车，日上三竿后去自家公司晃晃悠悠，学点儿经营之道，几年后或者十几年后成为董事长，运气好的话继续扩大经营，运气不好的话可能关门歇业，当然还会生一个跟自己的人生轨迹雷同的孩子，如此这般重复重复再重复。

但老爸的一个决定使我的人生有了变数。在我满18岁那年，他说我成年了，所以只会承担教育方面的特定开支，至于生活、享受、娱乐……全都是我自己的事情。他很直接地告诉我，将来我带着多少身家回来，他就留多少财富给我。

所以，我在读高中时就开始为自己的前途考虑。将自己的长处、短处比较权衡后，我决定了自己将来的方向——娱乐行业。我从小学小提琴，参加话剧社、演讲比赛，做主持人，我觉得这是我的优势。

当上海戏剧学院来我们学校招生时，我顺利地通过了专业三试。再加上我的会考成绩全优，就被免试保送进了上戏，并成为表演系唯一一个拿奖学金的学生。

我的大学生涯非常功利与现实。很多同学都在无忧无虑地享受校园生活，或者谈恋爱，或者看通宵电影，或者联机玩游戏，但我却很少有这样清闲的时光。我很忙，忙着去认识各种导演、各种制片人、各种经纪公司。当毕业就失业越来越普遍时，我毕业便就业了。

虽然就业了，但仍然很艰难，我没办法带着巨额投资去找角色，也没有资深人士提携我。我只能到处试镜，龙套也跑，配角也干，希望能从新人熬到脸熟，再从绿叶熬成红花。

但我始终没有熬出头。上海的机会太少了，两年时光过去，除了勉强养活自己外，我几乎没有存款。我决定去北京发展。到北京的时候，我手里所有的钱加在

一起是 8400 元。

我租了个地下室，半年起租，花掉了 3000 元，去超市补充了一点儿生活用品，又花掉了 1200 元，我的全部财富立刻缩水了一半。但我连心疼钱的时间都没有，如果接不到戏的话，最多两个月，我就得饿肚子了。

我挺住了，最穷的时候，我连续吃了一个月 4 毛钱一包的白象方便面。后遗症是，直到如今，我一闻到方便面的味道就想吐，一看见方便面广告就会马上转台。

所有付出都会有回报的，我想要的回报就这样一点点来了。我从几百块钱的酬劳开始拿起，慢慢变成四位数，再变成五位数。我终于回归了不用为吃住担忧的正常生活。

因为片酬不高，我只能走以量取胜的路线。最多的时候，我同时有七八部电影或电视剧在身。横店的每条小路我都穿行得娴熟无比，出这个棚，进那个组，一天要换好几身行头。我以一个三流演员的片酬标准，赚到手的是接近一流演员的收入。

从零身家到 10 万是个坎，从 10 万到 100 万是另一个坎，过了这个关卡后，钱就来得迅捷而凶猛了。然后，我对老爸财产的觊觎之心也越来越淡漠。

以前是他给不给我的问题，现在却是我想不想要的问题了。我很坦诚地跟他说，我现在一点儿也不想放弃自己好不容易打拼到手的事业，转而经商。我想继续做演员，希望老爸继续在公司顶着，哪天他精力有限顶不住了，或者我在演艺圈待腻了，我才会考虑回去。说这话时，我有一种扬眉吐气的感觉。

我送给父母最贵的礼物，是在虹桥给他们买了一套 400 平方米的别墅，妈妈搬进去再也不想离开了。我笑她：“你自己住的房子，比我买的别墅要豪华得多，实在是舍大求小。”老妈的回答是：“住自己买的房子和住儿子送的房子感觉不同。”

我做演员的时间已经不多了，老爸慢慢上了年纪，他说想早点儿退休，跟妈妈一起去环游世界。至于具体哪天退休，取决于我哪天愿意回去接班。

但我暂时还未考虑这件事，仍保持着每年上百集电视剧的工作量。我把自己的收入分为两部分：一部分是拍电视剧的全部片酬，另一部分则是拍电视剧之外的收入。后者是用来花的，满足生活需要，添置喜欢的东西，以及孝敬爸妈，而前者是我将来回归商界的底气与本钱。

拍电视剧的片酬我一分钱都没花，全部用来买了股票。只买老爸公司的股票，买了就搁着，永远不卖。我希望，有朝一日，我能靠自己成为老爸公司持股量排名靠前的个人股东，而不是靠着继承老爸的股份进入董事会。

财商分析

《宫锁心玉》里养尊处优的“八爷”，在现实中虽然也是富家子弟，但却为了追寻自身价值租过地下室，吃过泡面，并且至今还保持着高强度的工作。像他这样靠自己挣钱做股东，而非因为继承父亲股份进入董事会的青年，的确有被称为“富一代”的资本。

财商借鉴

要摆脱“富二代”带来的负面影响，必定要有“富一代”的斗志。

财商代表：**李 烨**
财商关键词：**勤劳、创意**
财商值：**85**

昔日80后“富二代”网上卖烧烤

来源：《扬子晚报》 作者：谢 尧

“富二代”在很多人眼里，与挥金如土、灯红酒绿等词语挂钩，但一位来自盐城的昔日“富二代”，却刷新了人们的认识，上演了一部有关奋斗的传奇……

1983年，李烨出生在盐城的一个富裕家庭，父亲在当地经营着一家大型餐饮企业。

回想起当年的生活，李烨说那时虽还没有“富二代”这个概念，但自己绝对已经是了。“我家的酒店叫兴达大酒店，按照现在的说法，应该算是一个会所。我2001年在常州上大学时，每月的生活费至少有5000元，在当时的校园里绝对算得上是‘富二代’的水平。”

但是好景不长。2003年，父亲经营近十年的酒店破产了。李烨的生活费从每月5000多元，一下子掉到了100元不到。于是，他到常州一家电脑城门前扛箱子挣生活费，一直坚持到2003年退学，而后随家人回到盐城。

“回到盐城时，家里总共只剩下500多元，全家人都在为生计发愁。我有一天晚上出去溜达，看到一家烧烤摊生意非常火。想着这个成本小，就免费给烧烤摊老板打工，目的是淘点经验。”师父看李烨不怕苦、不怕累，就把配料毫无保留都告诉了他。

两个月后，李烨自己的烧烤摊在盐城师范学院旁开张。“没想到，生意很红火！”两个月时间，李烨一共赚了1700元。

生计有保障后，2005年，李烨又参加了高考，最终考进上海出版印刷高等专科学院。从此，又一部现实版“奋斗”在上海上演——

在学校里，李烨读的是多媒体设计专业。

“说是多媒体设计，实际上就是网页设计等一些电脑知识运用的专业。”他没有一门心思死读书，“我白天上课，晚上外出打工，主要是帮助商家做电商服务。最让我骄傲的是我大二的时候，去了上海一家经营游戏货币的网络贸易公司，有点类似于美国的eBay网。这段经历给我后来的电商生涯打下了基础。”

2008年6月，李烨大学毕业后，怀揣创业梦想的他，在同学、亲戚的帮助下，创立了上海天天爱购网，但是没多久就因为股份的问题退出了团队。

又一次跌入谷底后，李烨又想到了他的烧烤。

李烨在上海读书期间，父亲也把他的烧烤摊从盐城搬到了上海。2008 年 10 月的一天，创业失败的李烨在家帮父亲打理烧烤生意。“那天，我脑子里突然冒出一个念头，在网店摸爬滚打多年，为啥不把烧烤店开到网上呢？”说干就干，李烨开始着手创立他的网络烧烤店，并在当年的 11 月 8 日正式上线，取名为“原始烧烤”。

万事开头难。网店开张将近 3 个月都没有顾客，直到 2009 年 2 月，“奇迹”才开始光顾这位曾经的“富二代”。

说起第一笔生意，李烨至今还略显激动。“这个订单来自昆山，是家庭聚会上需要购买烧烤食材和器具，订单一共是 220 元。”网店上线 3 个月都没有生意，信用额度为零。有人敢下订单，就意味着机会来了！因为当时还没成立公司，选材、打包、发快递都是他一个人弄的，每个环节都反复确认，他说：“总怕自己一不小心弄错了。”快递发出后，李烨还是不放心，一天之内打了十几个电话给顾客和物流，直到确定对方拿到货物。

“昆山的这位顾客拿到我的东西后，很满意我的服务，就给了我一个长长的带文字的好评！现在这位女士还经常从我这里买烧烤。”

有了第一笔生意后，网店的经营局面慢慢地打开了。

为了发展事业，他们父子俩齐上阵。父亲在上海控江路、延吉路摆起实体烧烤摊；李烨专心搞网店——线上和线下相互促进，父子两人一下子都忙碌起来。

慢慢的，李烨的部分同学也加入到他的创业队伍中来。

一年后，李烨的团队把店铺搬到了上海翔殷路隧道附近。“这里靠近上海两个知名的户外烧烤点，有很大的市场潜力。”更重要的是，上海最大的国际水产市场以及杨浦区肉类批发市场也都在门店附近，进货、补货比以前更加便利。

发展至今，李烨的烧烤网店在旺季每天要卖出100~150单，而每单平均消费额都在400元以上，营业额能达到5万元。按盈利三四成来算，一天也可净赚1.5万元左右。

“我去年的销售额是153万，但是今年上半年的销售额已经达到了120万。”网络卖烧烤跟路边摊比起来，价格并无优势，谈到生意为什么这么红火，李烨说，“如果你现在还把我的原始烧烤网店仅仅当作是网络版的烧烤店，那就完全错了。刚开始，开网店确实是想通过网络增加烧烤摊的销售量。但是，现在原始烧烤卖的不是烤串，而是烧烤服务。如果仅仅想吃烧烤，而不是为了享受烧烤带来的乐趣，其实还真不如去路边烧烤摊吃。”

“我们网店有烧烤所需要的食材、器具等一切东西，在上海地区还能提供公园门票等烧烤线路的服务。假如你自己要完成这些事，可能要跑很多个地方。”

为了保证烧烤的新鲜，李烨严格控制时间。客户至少要提前24小时下单，收到订单后，员工就要进行采购。然后，必须在发货前8小时对食物进行加工，放入速冻柜。在客户指定收货时间的前两个小时，员工开始分拣，随后配送到客户手中。最关键的是，所有食材在包装上都使用泡沫箱子，然后放入干冰，这样食材就能保证新鲜了。而李烨烧烤公司的快递员，大多数是上海各个高校的大学生。经过培训，他们配送前几乎就算好了节省车费与时间的送货路线。

财商分析 李烨在家庭败落后并没有气馁，也没有寄希望于靠富爸爸翻身，而是积极地寻觅创造财富的机会，将传统的烧烤和新潮的网络营销模式结合起来，成就了销售额过百万的红火生意。正应了一句古话：“千金散去还复来。”

获取财富是全家共同的责任，不是爸爸一个人的义务。财富之路崎岖坎坷，需要所有人齐心进退。

财商代表：**沙拉**
财商关键词：**独立**
财商值：**85**

犹太母亲如何将子女培养成富豪

来源：《潇湘晨报》　作者：储文静

沙拉·伊麦斯，一名生长在中国的外国人，经历过革命与战火，财富与贫穷，现在，她是以色列一家钻石公司驻中国首席代表。但她说，自己最骄傲的身份，是一名犹太母亲。

沙拉有3个孩子，两个儿子都在30岁以前拥有了亿万资产，最小的女儿“学会了优雅地生活”，即将到北京一所大学留学。

“爱孩子是人类的本能，一旦被赋予了教育的因素，爱就变得不那么简单了。只凭父母对孩子的满腔热爱是远远不够的。许多深陷在误区中的中国父母，正在送给孩子最可怕的礼物。”一天下午，她正在湖南展览馆潇湘书市演讲。一对母子走进会场，母亲手里捧着一本刚买的新书，儿子抱着一个iPad。沙拉立即停下来，指着讲台下那个抱着iPad玩游戏的男孩，严厉地指出：在以色列，十几岁的孩子是不可能拥有这种东西的，父母也不会允许孩子一直这样近距离地玩，这样眼睛会坏掉的。

听众纷纷侧目，男孩母亲的脸一下子红了。

这一幕，很契合沙拉当天的演讲主题：特别狠心特别爱。

或许，正是这种“特别”，让沙拉跨越两个国度，培育出优秀的两子一女：以华、辉辉、妹妹。以华、辉辉都是钻石商人，都在30岁之前成了富豪。妹妹服完兵役后，即将结束旅行，进入大学。

“我不想仅仅因为自己培育出亿万富豪，就炫耀自己的育儿经。我也曾是一位中国式母亲，也曾被犹太母亲批评，所以，今天我更能理解中国母亲的心情。”沙拉说。

1930年，在犹太民族遭受劫难的时候，沙拉的父亲立维·伊麦斯辗转流亡到“东方诺亚方舟”上海。

1950年，沙拉出生。虽然母亲过早地离开了人世，但是，在父亲的庇护下，沙拉还是度过了幸福的童年，直到12岁，父亲去世。

其后，沙拉和大多数类似家庭的同龄人一样，艰难地生活着。

和别人不同的是，她经历过三段失败的婚姻，育有3个子女。

“我是一个失败的妻子，但是，我不能让不幸的婚姻影响到孩子的成长，我要做一个成功的母亲。”如何让3个孩子在一个不完整的家庭里健康成长，是沙拉面临的最重要、最棘手的问题。

1992年，中以建交。这对沙拉来说是一个机会。她本身就是以色列血统，而“犹太人教育”又享誉世界，于是，她带着3个孩子，到了以色列特拉维夫。

当时，以色列战事频发，特拉维夫地

处北方边界，更是硝烟弥漫。沙拉说，当时她带着孩子去看被炸弹摧毁的街道，还告诉他们：如果战争让你活下来，你就必定是一个勇敢和成功的人。幸运的是，战争过去了，他们活了下来。

移民以色列时，沙拉42岁，以华14岁、辉辉13岁、妹妹3岁。由于刚刚离开中国，住在特拉维夫的沙拉一家，表现出了许多“中国化特征”。

比如，孩子们不用叠被，不用烧水，不用做饭。每天，孩子们放下书包就坐到书桌前，不管多么忙、多么累，沙拉都不会让孩子动一下手。和多数中国父母一样，沙拉唯一的希望就是孩子们能考上大学。

为了赚钱养活孩子，沙拉在路边摆了个小摊，经营着自己在上海学到的绝技——炸春卷。她每天送孩子们去学校读书，自己上街卖春卷，并在孩子们放学前把饭做好，把房间整理好。

直到有一天，邻居大婶看不过去了，跑过来指责沙拉：生孩子是谁都会的事情，养孩子则是另外一回事。

“邻居太太告诉我，犹太家庭没有免费的食物和照顾，任何东西都是有价格的，每个孩子都必须学会赚钱，才能获得自己需要的一切。这样的教育手段看上去比较残酷，但我还是决定改变他们，培养他们。”沙拉说。

沙拉在家里建立了一项新制度——有偿生活制：家里所有东西都不能无偿使用，包括餐食和服务。

在家里吃一顿饭，每个孩子都需要支付100新阿高洛（New Agorot，以色列货币单位，100 New Agorot约等于人民币2元），请母亲洗一次衣服，孩子需要支付50新阿高洛。

在收取费用的同时，沙拉也给孩子们提供赚钱的机会。比如有一次，她以每个30新阿高洛的价格，批发给每个孩子20个春卷，让他们自行出售，利润可自行支配。

3个孩子卖春卷的方式截然不同：

以华在学校举办了一场“带你走进中国”的讲座，主讲中国见闻，并把春卷分成小块供听众品尝。但是，每个人都需要支付10新阿高洛购买入场券。这场演讲，他接待了200名听众，收入2000新阿高洛。除去上缴给学校的场地费和支付给母亲的成本费，他赚了900新阿高洛。

辉辉选择了批发出售。他以每个40新阿高洛的价格，将春卷全部卖给了学校餐厅。除去成本，他赚了200新阿高洛，还与餐厅达成了一个供货协议：每天向餐厅提供100个春卷。

妹妹选择了传统的零售，每个春卷卖50新阿高洛，赚了400新阿高洛。

让沙拉没有想到的是，孩子们都成了精明的犹太商人。

3个孩子曾经分别给了沙拉一个许诺：车钥匙、别墅钥匙、首饰盒钥匙。现在，沙拉说，自己已经收到了车钥匙和别墅钥匙。

“犹太人天生是商人，你的这种有偿生活制度，是不是只能培养商人？”签售会上有人问。

“绝对不是。与父母共同奋斗、为家庭分担责任的孩子，才是具有完全人格的孩子。成为一个人格健全的人，不管在哪里，做什么，都能做好。有偿生活的目的，

不是催促孩子赚钱，而是让他们懂得‘劳动伦理学’，调动他们的生存积极性，帮他们树立生活理想，培养他们的责任感。”沙拉说。

在沙拉看来，不少中国家庭的教育走入了三大误区：娇宠溺爱，过多关注；偏重智育，以分数来衡量孩子的成就；以智代德，忽视对独生子女的道德培养。

“不少中国家长，总是把孩子看作是自己的财产，而西方的家长，则从孩子出生开始，就把他们看成是自由、独立的个人；不少中国家庭的家庭教育，都是学校教育的延伸，而西方的家庭，更强调培养孩子独立生活的能力。”

作为一名犹太母亲，沙拉不要求孩子考高分。

“在中国，很多孩子考上大学就不会再努力学习了。在以色列，孩子们的中小学非常轻松，满 18 岁后不是去上大学，而是去服兵役，培养社会责任感。”

沙拉不会给孩子最好的物质条件。

“以色列绝大多数孩子不会玩手机和电脑，他们玩跳绳，他们拥有童年的快乐。”

沙拉不信奉“儿子穷养，女儿富养”。“不少中国家庭的‘女儿富养’，是让女儿从小吃好的、穿名牌，因为这样她长大后才不容易受骗。以色列人的‘女儿富养’，则是素质教育的富养，培养女儿的手艺。犹太人的富家女一定会洗衣服、做饭、熨衣服、带孩子，很有耐心，懂得孩子在场时不跟丈夫争吵，所以儿女们不会看到父母吵架，只会看到父母拥抱。”

沙拉用两幅图画形容中国、以色列父母对孩子的爱：

中国父母爱孩子的画面像一幅子宫图。当孩子走过幼年，父母在内心深处还设立着“虚拟子宫”，这样容易让孩子产生依赖心理，形成一种虚假的“子宫安全感”，久而久之就被培养成了平庸无能的人。以色列父母爱孩子的画面则像一幅篝火图，没有固定的模式，也算不上锦囊妙计。画面中，父母用篝火点燃孩子的人生和前程，遥望他们像太阳一样从地平线升起。

“子宫图与篝火图不矛盾，没有子宫般的爱，就没有温度；但是，不用篝火点燃这种爱，再多的温度都是没有理智的感情用事，都是缺乏智慧和艺术的爱。”沙拉说。

财商分析

若是沙拉继续按中国父母的方式宠爱孩子，其子女绝不可能成为亿万富翁或一个懂得优雅地生活的人。正是跟孩子收取伙食费和劳务费，这种看似冷酷的做法，让孩子们形成了独立的财富观。

财商借鉴

从父母身上得到的最宝贵的财富，不是物质，而是独立的精神。

财商代表：**杰弗里·乔丹、马库斯·乔丹、埃迪尼奥**
财商关键词：**啃老、赌博、吸毒**
财商值：**30**

"坑爹"的体坛"富二代"

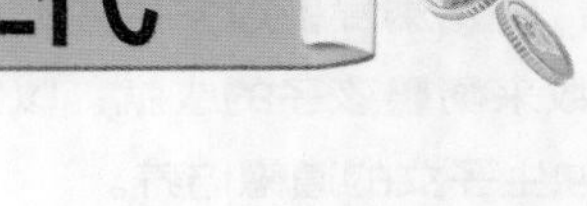

来源：《新闻晨报》　作者：黄　嫣

这个世界永远不缺话题，老人退了，新人们可不会自甘寂寞。在这个人人都想出头的年代里，有个明星父亲，无疑等于拥有了吸引所有眼光的利器。"飞人"乔丹的两位公子，除了直播自己"富二代"的生活，还违法参赌；贝利的儿子贩毒洗钱……

乔丹之子涉嫌违法参赌

作为"上帝之子"，1988年出生的杰弗里·乔丹和90后马库斯·乔丹，总是美国媒体聚焦的名人。两人的篮球技艺尚未显示出太多过人之处，但是其场外作派却早已有"巨星"风范。金钱和美女是两位公子绕不开的话题。大儿子风流成性，网上盛传杰弗里总是与各色美女相拥的照片，好不享受。小儿子在去年一个生日派对上挥金如土，仅仅香槟酒一项开销就达到了至少一万美元。近日，两人又顶着老爸的光环开设了一家网站："Heir·Jordan.com"（乔丹继承人），内容主要是关于如何在乔丹的阴影之下成长，以及顶着"乔丹"这个名爹头衔发生的一些生活趣闻，大有"炫爹"的味道，引发不少争议。

两位公子哥也经常惹祸，干一些"坑爹"的事情。去年八月，两人在微博上公开炫富，称在拉斯维加斯一天就花掉了5.6万美元，其中包括在赌场输掉的3.5万美元。没想到，他们这次无意中的爆料，给赌场带来了大麻烦。

按照拉斯维加斯当地法律规定，未满21岁是不允许在赌场涉赌或者饮酒的，而马库斯·乔丹当时只有19岁。内华达州的博彩监督机构随即宣布对该事件展开调查，如果涉事的赌场被确定违法，那这个赌场将会遭到惩罚。

有趣的是，马库斯·乔丹随后意识到惹了麻烦，删除了那条博文——"昨晚真是太愚蠢了，35000美元糊里糊涂就送给了HAZE赌场，一天消费了56000美元。"在接受体育媒体采访时，马库斯也坦诚自己犯了一个错误，并向自己的父母道了歉。

而在之前，作为大学新生的马库斯竟拒绝穿学校赞助商阿迪达斯的球鞋，理由是他习惯了穿"乔丹"。最终，这位"富二代"的解决方式是，穿上有父亲个人标签的阿迪达斯球鞋。看来小乔丹还十分具有"维权"意识。

贝利儿子非法赛车贩毒入狱

贝利，当之无愧的球王。如果问贝利

人生最大的遗憾是什么，答案或许是有一个不争气的儿子：埃迪尼奥。

埃迪尼奥 17 岁才开始足球生涯，而桑托斯能接纳他，据说与贝利不无关系。当然，虎父犬子在足坛太为常见，马拉多纳、克鲁伊夫、贝肯鲍尔的公子都与自己的老爸差得太远，所以埃迪尼奥在球场上庸庸碌碌倒也不至于让贝利太难堪，问题是埃迪尼奥总爱捅娄子，贝利后来承认这与自己平时疏于管教有关系。但其实球王还忽略了一个因素，那就是他的纵容，让埃迪尼奥有了“拼爹”的机会。

1992 年 10 月，埃迪尼奥和朋友在大街上非法赛车，结果导致一名 52 岁的老人丧命。本来他将获刑 6 年，但贝利四处活动，经过漫长的诉讼，将他从监狱中捞了出来。这势必让埃迪尼奥进一步认识到身为“富二代”的幸福——不但能给自己踢球开绿灯，犯了案子也能大事化小，小事化了，给他后来的胡作非为埋下导火索。

1992 年，埃迪尼奥非法赛车致人死亡，没有引起太大的影响，一是当时的媒体还不像现在这样发达，二是可以打交通事故的擦边球。外界给贝利面子，原谅了埃迪尼奥的年少无知，但埃迪尼奥并没有从中吸取教训。2005 年夏天，圣保罗“麻醉品犯罪调查署”的警察在一次打击贩毒的行动中，逮捕了 13 名毒犯，其中就包括埃迪尼奥。埃迪尼奥的罪名是贩毒和洗钱。由于警方掌握了埃迪尼奥贩毒时的录音，巴西黑帮担心埃迪尼奥会供出幕后指使者，甚至表示要杀死埃迪尼奥灭口。显然，埃迪尼奥这次的祸闯大了，贩毒是全球重点打击的犯罪行为，而球王儿子与贩毒联系在一起，贝利毋庸置疑地陷入了舆论的漩涡当中。

贝利在儿子被捕第二天就去探望，狱中相见老泪纵横，而作为万众瞩目的球王，他还得面对舆论的压力，甚至担心家人的安全，不得已搬了家。具有讽刺意味的是，贝利一直为“与毒品而战”到处奔走，但没想到后院起火，儿子给自己的脸上抹了黑。不过在蹲了半年监狱之后，埃迪尼奥的假释申请被批准，获得保释。尽管埃迪尼奥坚持自己没有贩毒，但对于自己吸毒的行为供认不讳。获得保释后，在贝利陪同下，埃迪尼奥出现在了圣保罗西北部的一个戒毒所。

财商分析

“富二代”惹是生非不分国界，在父辈们用汗水打拼出一片天堂，为后代支起了一个巨人的肩膀时，很可惜，许许多多的“富二代”并没有站在财富的肩膀上看得更远，而是走向了生活的另一端：有的挥霍着家族资源，有的触碰了社会利益。

财商借鉴

富爸爸是把双刃剑，可以成就你，也可以毁掉你。

CAISHANGCESHI

生活中有人把自己的失败归结为不是“富二代”，却没想过通过自己的努力成为“富一代”。你能摆脱父辈的影响，独立地成为“富一代”吗？

测试 你拥有成为“富一代”的潜质吗？

1. 你能妥善处理你和同学、同事的关系吗？

是的——2 题

不能——3 题

2. 你认为富人之所以成为富人，必定有他们的过人之处。

是的——5 题

不是——4 题

3. 你相信运气大于实力。

是的——4 题

没有——5 题

4. 你有很多想法，但很少实施。

是的——5 题

不是——6 题

5. 要给同学、同事送礼，什么事是让你最为难的?

没有钱买礼物——6 题

不知道买什么——8 题

到处逛店——7 题

6. 朋友认为你说话太直接，经常会被伤到？

是的——8 题

不是——7 题

7. 即使是不愿意做的事情，你也会做好。

会——9 题

不会——10 题

8. 你认为新同学、新同事、新搭档做的事总是错误百出。

是的——9 题

不是——11 题

9. 你觉得朋友之间不能有任何利益关系。

是的——10 题

不是——11 题

10. 你是否惧怕考试失败、工作失利?

相当怕——12 题

一点也不害怕——13 题

一般般，会有点担心——14 题

11. 你喜欢随遇而安，讨厌凡事一丝不苟地按照计划执行。

是的——12 题

不是——13 题

12. 你很在意自己在同学、同事眼里的印象?

是的——15 题

不是——14 题

13. 对于老师、上司交代的事情，你如何处理？

能拖就拖——15 题

尽快完成，然后玩——16 题

不拖不快，刚刚好——14 题

14. 你希望学习和工作尽量能在家里完成。

是的——16 题

无所谓——17 题

不是——18 题

15. 朋友认为你十分幽默，喜欢与你相处。

是的——18 题

不是——17 题

16. 要是让你饲养一只狗，你会选以下哪一只？

小黑狗——20 题

小花狗——19 题

小白狗——D

17. 你是否经常对某种事情或者事物产生依恋?

是的——21 题

不是——E

18. 如果让你修建一座小旅馆，你觉得它适合建在哪里？

海边——A

小树林里的湖边——C

某个小风景区的半山腰——19 题

19. 你是一个乐观的人吗？

是的——B

一般般——E

悲观——20 题

20. 要是朋友中了大奖，你会嫉妒吗？

会——21 题

不会——C

21. 从事以下哪种兼职你认为你会挣得多一些？

写网络小说——B

摆地摊——A

到便利店打零工——D

测试结果

A. 你成为“富一代”的可能性是 90%

很少有“富一代”会安于现状，过按部就班的生活。你就是那个不按常规出牌，喜欢新鲜刺激事物的人。对你来说，创造财富是通往美好生活的手段，只要有坚定的信念以及正确的理财习惯，相信不久后你便会成为杰出的“富一代”。需要注意的一点是：不要为了物质财富过度地工作和学习，这样你会忽略身边的人以及平凡生活中的乐趣。

B. 你成为“富一代”的可能性是 70%

虽然你的想法在他人眼里有点虚幻，但只要有创造财富的意识，以及乐观的生活态度，也很有可能成为“富一代”。需要注意的一点是：千里之行，始于足下，光想不做是不行的。

C. 成为“富一代”的可能性是 50%

比起自己成为“富一代”来说，你的子女更有机会成为“富一代”。因为你比较聪明，而且善于教育，或许会为后人开辟璀璨的前程。需要注意的一点是：要成为“富一代”不仅需要广博的知识，还需要大量实践，不然反倒会被条条框框的理论所累。

D. 成为“富一代”的可能性是 30%

在积累财富的方式上，你更倾向于父母晋升，或者自己突然中奖。在你心中，财富的多少取决于命运。需要注意的一点是：性格决定命运，人生不能只是被动地等待和接受，必要时须放手一搏。

E. 成为“富一代”的可能性是 10%

你不太自信，也没有宏伟目标和冒险精神。这样下去，就算天上掉馅饼，你也不容易接住。需要注意的一点是：机会只垂青有准备的人。

CAISHANG

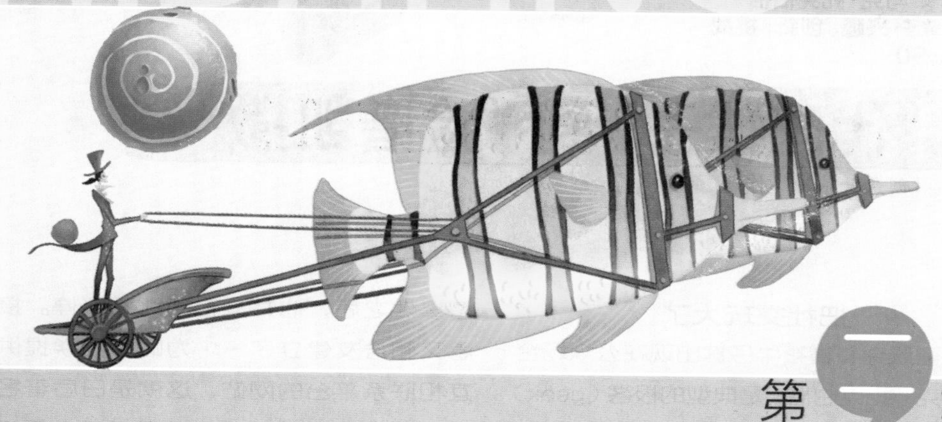

第二章 获取财富——一切都要通过劳动获得

有人说世界上最美的东西都是免费的，比如阳光和空气。但是，除了阳光和空气以外的任何东西，都需要用财富去交换。就连人类赖以生存的水源，都被装在大大小小的容器和管道里，以毫升或者吨为单位进行售卖。这一切，可以用一句简单的俗语总结——

"钱不是万能的，没钱却万万不能。"

那么，怎样才能获取金钱呢？日本家长教育孩子的名言是："除了阳光和空气是大自然赐予的，其他一切都要通过劳动获得。"这跟美国家长的教育观有异曲同工之处：美国家长会指导孩子把他们不要的玩具放在家门口，以换取一些收入，并告诉他们"要花钱就得打工"……另外，在经济飞速发展的今天，独辟蹊径的创新意识也是获取财富的必备砝码。

跟大多数中国家长直接用物质满足孩子的态度相比，发达国家的家长似乎更注重"授之以渔"，而不是"授之以鱼"。在这种财商教育的影响下，不少发达国家的青少年在 18 岁之前就有了获取财富的想法及能力，并且能有效地利用身边的资源挖掘到第一桶金。

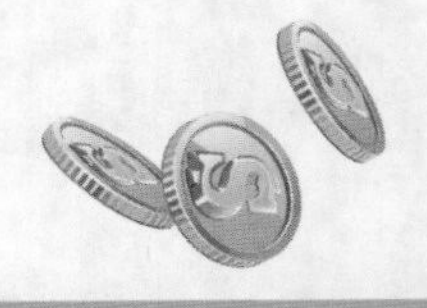

财商代表：**马克·扎克伯格**
财商关键词：**兴趣、创新、挑战**
财商值：**90**

从“代码猴子”到“脸谱凯撒”

来源：《创意世界》 作者：马里奥

把社交玩大了

喜欢穿着帽衫牛仔裤出现在公众场合的马克·扎克伯格，是典型的极客（geek）style。据说这个牙科医生和心理学家的儿子，自从10岁获得一台电脑之后，就成为不折不扣的电脑迷。高中时，他设计出一款备受欢迎的MP3播放机，许多公司包括微软都盯上了他，愿意给这个天才小屁孩提供高薪工作。不过，他拒绝了。他去了哈佛大学，虽然主修心理学，但仍然痴迷电脑，常常废寝忘食地埋头编写软件。刚入学不久，他就编写了一款“课程搭配”软件，用以帮助学生根据其他人的选课来确定自己的课程表。通过课程把人与人联系起来——这也许可以视为后来Facebook诞生的滥觞。而他做这一切的目的，仅仅是出于好玩。有朋友记得他当年编写“课程搭配”期间常穿着一件“代码猴子”的T恤，这确实是他的生动写照。

从小就鄙视一切权威的扎克伯格，在学校时就因为著名的黑客事件而载入“哈佛史册”。当时他为了编写一款旨在标记出校园内最炙手可热人物的Facemash程序，非法入侵哈佛本科生宿舍的“花名册”，遭到校方“留校察看”的惩处。黑客事件之后，他并没有因此而消停。接着又和舍友建立了一个为哈佛同学提供互相联系平台的网站，这就是日后著名的Facebook。Facebook在2004年2月推出，很快就横扫整个哈佛校园。早期的Facebook有一些重要的限制和排他性，比如没有哈佛大学邮箱就不能注册，而且登陆者必须使用真实姓名。用户身份的真实有效，使Facebook和此前互联网上流行的MySpace和Friendster有着根本的区别。接受《哈佛深红报》采访时他表示，“建立这个网站就是为了使每个用户在让朋友加入自己的圈子时可以感觉更棒。”2004年年底，Facebook的注册人数已突破一百万，并且很快就突破哈佛围墙，哥伦比亚、斯坦福、耶鲁、康奈尔等大学也成为扎克伯克的服务对象。为了专心运营Facebook，扎克伯格干脆从哈佛退学，成为继比尔·盖茨之后，哈佛又一位著名的辍学学生。《财富》杂志高级编辑大卫·柯克派特里克认为，Facebook最终的成功很大程度上要归功于它在大学的起步。因为那里是人们社交网最密集的地方，通常也是人们一生中最精力充沛地结交朋友的地方。

开放和公平，比赚钱更重要

Facebook 的出现，激活了网络社交需求的大市场。继美国的学校之后，很多其他国家的学校也被邀请加入进来。接着，在全球范围内有一个大学后缀电子邮箱的人（如 .edu，.ac.uk 等）都可以注册，不久高中和公司的 Facebook 社交化网络也建立起来。2006 年 9 月 11 日，Facebook 对所有互联网用户开放，这虽然引起了很多原有用户的抗议，但社交全球化已经势不可挡。

Facebook成为互联网世界的新传奇。投资人纷至沓来，巴不得扎克伯格能看上他们的钱，而想收购 Facebook 的公司也个个出手阔绰。2006 年，时任 Yahoo 公司 CEO 的特里·塞梅尔出价 10 亿美元收购 Facebook，被扎克伯格拒绝。特里后来表示："这辈子从没遇见一个人能够抵挡住 10 亿美元的诱惑。"

对扎克伯格而言，相比赚大钱，如何促进世界变得更为开放和公平显然更有趣，也更具有吸引力。他曾说，"我从来不想运营一个公司或者企业，我把更多的注意力集中在用户的体验上，总想怎样能给他们带来革命性的便利。"在他的理念中，与其说是对互联网的开发应用，不如说是聚焦于对世界的改变。最初 Facebook 的建立，就是因为他看不惯哈佛不愿意建立 Facebook 站点。通过创建 Facebook，他使个体有了成为权威的可能。Facebook 所提供的服务，加强了每个人的档案和行为的影响力，使原来的权威黯然失色。

然而，扎克伯格对 Facebook 帝国扩张的追求，并没有削弱其赚钱的潜力，这也是为何 Facebook 即便盈利模式尚未清晰就大受追捧的原因。如今，Facebook 的主要盈利模式为广告收入、第三方应用分成以及游戏分成。广告是其最主要的盈利来源，扎克伯格认为社交广告代表着未来，"最好的广告形式是通过朋友获得消息。Facebook 有意为广告商提供创建社交广告的最佳工具。我们认为，广告中包含你所关心的对象的趣味内容越多，运营人员就越能给 Facebook 的用户带来更多增值体验。"微软显然也对此非常认同。2007 年 10 月 24 日，微软宣布出资 2.4 亿美元收购 Facebook 1.6% 股权。按照这一价格计算，彼时 Facebook 的市值已高达 150 亿美元。对微软而言，此次交易更多地强调了在线广告的重要性。根据双方达成的协议，

微软获得在 Facebook 海外市场投放旗帜广告的机会。

而越来越多用户通过移动终端使用 Facebook，使其开始把盈利的重心转到移动广告业务。SICA 财富管理公司的首席投资官杰夫·西萨就指出，建立移动业务盈利模式，对 Facebook 的发展至关重要："为确保长期增长，Facebook 需要从移动用户那里取得更多的收入，因为移动用户的比重增长最快。为了达到移动业务的收入目标，Facebook 必须提高移动用户的在线时间，以收取更高的广告费用。与此同时，Facebook 还必须控制广告量，以免过多的广告疏远用户。"

依然面临挑战的"成功者"

2012 年 5 月 18 日，Facebook 正式上市。Facebook 将其 IPO 的售股规模上调至大约 4.21 亿股。按照每股 38 美元计算，持有公司 28.4% 股份的创始人扎克伯格，身家达到近 300 亿美元。这一天，扎克伯格更新了他的 Facebook 页面，上面并没有提及上市的事情，而是重申了 Facebook 的使命是建立一个更开放的社交世界。2012 年 10 月 4 日，扎克伯格在 Facebook 上公布了网站用户已达 10 亿的消息，并上传了 Facebook 首个品牌宣传视频广告。

虽然现年 28 岁的扎克伯格已经成为这个地球上最著名、最有钱的大人物之一，但他仍然面临严峻的挑战。Facebook 上市后的表现比预期差很多，其盈利能力还是备受质疑；此外，Google 和 Twitter 这两个不容小觑的对手像幽灵般萦绕不散。他曾感叹道："创建一家像 Facebook 这样的公司，或是开发一款像 Facebook 这样的产品，需要决心和信念。所有值得做的事都是十分困难的。"不过，他还是像当初刚创业时那般怀抱激情和理想，"如果做的是你所爱的事，那么在逆境中你依然有力量。当你从事自己喜爱的工作时，专注于挑战要容易得多。"

财商分析

尽管美国金牌编剧艾伦·索金在电影《社交网络》中把马克·扎克伯格塑造成一个"无耻混蛋"，尽管热衷于在开心网种菜抢车位的中国屌丝青年喜欢把 Facebook 念成"非死不可"，马克·扎克伯格依然坚挺地成为这个新时代的超级偶像。有人把他称为互联网世界的"凯撒大帝"，可不是么？他缔造的 Facebook 社交帝国，居民已逾 10 亿。他是硅谷创业梦的成功"继承者"，激励着无数后来者心怀憧憬走向梦想之路。马克·扎克伯格的财富之路上，除了创意和艰苦奋斗，别无其他。

没有人可以随随便便成为富翁，通向财富的路上有我们看不见的坎坷。

财商代表：**犹太人**
财商关键词：**创意**
财商值：**98**

好创意是永远的致富利器

来源：《创新科技》 作者：刘燕敏

在奥斯维辛集中营，一个犹太人对他的儿子说："现在我们唯一的财富就是我们的智慧，当别人说一加一等于二的时候，你应该想到大于二。"纳粹在奥斯维辛毒死536724人，这父子二人却活了下来，真不知是出于侥幸，还是因为他们的大于二原理。

1946年，他们来到美国，在休斯敦做铜器生意。

一天，父亲问儿子一磅铜的价格是多少？儿子答曰35美分。父亲说："对，整个得克萨斯州都知道每磅铜的价格是35美分，但作为犹太人的儿子，你应该说35美元。你试着把一磅铜做成门的把柄看一看。"

20年后，那位父亲死了，儿子独自经营铜器店。他做过铜鼓、瑞士钟表上的簧片、奥运会的奖牌。他曾把一磅铜卖到3500美元，不过，这时他已是麦考尔公司的董事长。然而，真正使他扬名的，并不是他的铜器，而是纽约州的一堆垃圾。

1974年，美国政府为清理给自由女神像翻新扔弃的废料，向社会广泛招标。由于美国政府出价太低，有好几个月没人应标。正在法国旅行的他听说了这件事，立即乘飞机赶往纽约。看过自由女神像下堆积如山的铜块、螺丝和木料，他喜出望外，未提任何条件，当即就签字包揽了下来。纽约的许多运输公司为他的这一愚蠢举动暗自发笑，因为在纽约州，对垃圾的处理有严格的规定，弄不好就要受到环保组织的起诉。就在一些人等着看这个得克萨斯人的笑话时，他开始组织工人对废料进行分类。他让人把废铜熔化，铸成小自由女神像，用废水泥块和木头块加工成底座，把废铅、废铝做成纽约广场型的钥匙扣，最后他甚至把从自由女神像上扫下的灰尘都包装起来，出售给花店。不到三个月的时间，他让这堆废料变成了350万美元现金，使每磅铜的价格整整翻了1000倍。

当你抱怨生意难做时，也许有人正因为点钞票累得气喘吁吁。这里面的差别可能就在于，你认为一加一永远等于二，他则认为一加一应该大于二。

财商分析 别人眼里的等式不是犹太人眼中的等式，别人眼中的价值不是犹太人眼中的价值。他们正是善于利用事物，甚至从废品中看到商机，才让族名成为财富和智慧的代名词。

财商借鉴 获取财富，要勇于打破常规。

财商代表：**琳娜**
财商关键词：**创意**
财商值：**78**

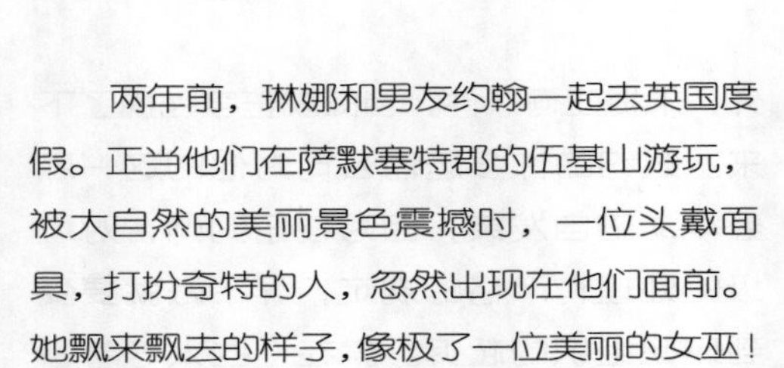

女巫有“钱”途

来源：《芳草（经典阅读）》　作者：张军霞

两年前，琳娜和男友约翰一起去英国度假。正当他们在萨默塞特郡的伍基山游玩，被大自然的美丽景色震撼时，一位头戴面具，打扮奇特的人，忽然出现在他们面前。她飘来飘去的样子，像极了一位美丽的女巫！

怀着强烈的好奇心，游客们纷纷和女巫合影留念。导游告诉琳娜，此处的伍基山洞，已经有5万多年的历史。在当地有一个流传已久的故事，说山洞里住着一位女巫，为了防止山里的野兽跑出来害人，她时刻在山里巡逻，还带着自己的山羊和狗。无论多么凶猛的动物，在女巫面前都会变得非常听话……

这个美丽的传说，为景点增添了不少神秘的色彩。这处景点的经营者突发奇想，要打造一个魔幻山洞，为此，他特意刊登广告，宣布要招聘“驻洞女巫”来吸引顾客。他要求应聘者必须具有女巫气质，扮成传说中女巫的模样，每天在山洞附近出没，向游客们介绍景点的情况。

这份轻松又好玩的工作，年薪可以领到6万英镑，琳娜动心了。办公楼里的工作枯燥又琐碎，收入也不高，哪儿比得上当女巫好玩？

从英国回来，琳娜干脆辞了职，每天坐在电脑前，给旅游景点发电子邮件，向他们介绍“找人扮演传说中的人物”的创意。不久，很多景区都打电话联系琳娜，表示对这个项目非常感兴趣，并且主动发来资料，介绍当地的风土人情，请她量身定做传说中的故事主角。

仔细整理好这些资料，琳娜又发帖招聘不同的女巫。根据要去工作的地方，他们将分别扮演爱神丘比特、美人鱼、圣诞老人和魔法师等等。经过一番仔细筛选，第一批应聘的四个人确定下来。

琳娜按照故事情节的需要，对他们一一进行培训，认真进行形象包装。这四个人很快奔赴不同的工作岗位。一个多月后，四个景区都要求正式签下合作协议，并要求琳娜继续提供这方面的人才。

初战告捷，不仅让琳娜稳稳赚了一笔，也增添了她继续这项事业的信心。经过一年多的发展，她已经和世界各地的60多个旅游胜地进行合作。随着公司网站点击率的一路飙升，已经有越来越多的人喜欢上了她的女巫事业。

财商分析

琳娜不喜欢朝九晚五的工作，反倒对偶然所见的事情激发出兴趣，并且把它发扬光大。她发现了自己的女巫，你的女巫在哪里呢？

兴趣能帮你找到通往财富的捷径。

财商借鉴

财商代表：**马克·吐温**
财商关键词：**求职**
财商值：70

马克·吐温教你怎么找工作

来源：《上海教育》　作者：闻　华

有一位年轻人从学校毕业后来到美国西部，他想当一名新闻记者，但人生地不熟，一直没有找到合适的工作。于是，他想起了大作家马克·吐温。年轻人给马克·吐温写了一封信，希望能得到他的帮助。

马克·吐温接到信后，给年轻人回了信，信上说："如果你能按照我的办法去做，你肯定能拥有一席之地。"马克·吐温还问年轻人，他希望到哪家报社工作。

年轻人看后十分高兴，马上回信告之。于是，马克·吐温又告诉他："你可以先到这家报社，告诉他们你现在不需要薪水。只是想找到一份工作，打发你的无聊，你会在报社好好地干。一般情况下，报社不会拒绝一个不要薪水的求职人员。你在获得工作以后，就要努力去干，把采写到的新闻给他们看，然后发表出来。这样，你的名字和业绩就会慢慢被别人知道。如果你很出色，那么，社会上就会有人聘用你。然后，你可以到主管那儿，对他说：'如果报社能够给我相同的报酬，那么，我愿意留在这里。'对于报社来说，他们是不会轻易放弃一个有经验又熟悉单位业务的工作人员的。"

年轻人听后，有些怀疑，但还是照着马克·吐温的办法去做了。不出几个月，他就接到了别家报社的聘任书。而他免费供职的这家报社知道后，愿意付高出别家很多的薪水来挽留他。

财商分析　年轻人听从马克·吐温的劝告，暂时放弃眼前利益，把求职当作磨练手段，提升自己的竞争力，最终变被动为主动。在职场竞争激烈的今天，有不少应届毕业生靠这个方法找到第一份工作。

要获得稳定且有前景的工作，不能只看眼前利益，需要长远规划。**财商借鉴**

财商代表：**沈　星**
财商关键词：**特长、兴趣**
财商值：**75**

将特长融入工作

来源：《意林原创版·讲述》　作者：沈青黎

随着时代的变迁，做饭已经不再是女性必备的生存技能，不少现代女性都会理直气壮地表示自己不会做饭。但也有自小就喜爱厨艺，甚至把厨艺当特长的女子，比如凤凰卫视的美女主播沈星。

沈星自小就对做饭特别感兴趣，七八岁的时候就常常待在厨房里看妈妈做饭。

再大一点儿的时候，沈星就开始自己动手做菜。她一放学就钻到厨房里，抱着菜谱仔细研究，还不时创新一把，自创几道新菜。没多久，小沈星就将厨艺练得炉火纯青，成了妈妈的得力帮手。

看到沈星醉心厨艺，沈妈妈喜忧参半：喜的是女儿颇有贤妻良母的潜质，以后自然有能力照顾好家人的胃；忧的是在竞争激烈的现代社会，做饭早已不是女性的必备技能，就算女儿的厨艺练得再好，以后除了做厨师也没什么用武之地。沈妈妈不

希望女儿做厨师，所以常常旁敲侧击地劝她学些别的东西，培养一些文艺特长。“将来你和朋友们在一起，大家各有各的特长，有的会唱歌，有的会弹琴，而你却没有特长，只会做饭，会不会感觉自己特别没面子？”沈妈妈有一次这样劝女儿。没想到沈星却不以为然，她反驳妈妈说：“做饭就是我的特长啊，到时候我做一大桌美食给朋友们吃，他们肯定特别开心。”

沈星大学毕业后，顺利进入北京电视台，成为一名主持人。因为从事的是文艺工作，沈星的许多同事都能歌善舞，多才多艺，但沈星一唱歌就跑调，跳舞也跟不上节拍，还不会开车，不会玩电脑，唯一钟情的就是厨艺。她常常邀请同事们到家中吃饭。她最开心的事，就是看着大家把自己做的菜吃光。对于自己的爱好，沈星也特别舍得投资。她的公寓里没有专门的衣帽间，却有一个大型的开放式厨房，里面放着许多名贵的厨具。她会为了煮一道菜特地购买与之配套的全部厨具，甚至专门从日本买回了一把昂贵的特级陶瓷刀。每到一个国家出差，她闲暇时间里要做的第一件事就是逛当地的菜市场……

后来，沈星跳槽到了凤凰卫视，与吴小莉、陈鲁豫等王牌主播做了同事。凭借美食攻略，她很快和大家打成一片。面对优秀的同事们，沈星有时也会感到自卑，但她有自己克服自卑的方式，那就是找到自己的优势并凸显它。经过认真思考，她发现自己最擅长的技能就是厨艺，于是她决定精心宠爱这项技能。

经过反复练习，沈星学会了 600 多道不重样的菜品的做法。同电视台进行沟通之后，凤凰卫视为她量身打造了一档名为《美女私房菜》的节目。沈星在节目中变身美厨娘，手把手地教观众们煮出有创意的美食。这档美食节目一播出就受到了人们的好评，观众们很快为沈星轻松雅致的主持风格，和一丝不苟的烹饪态度所折服。沈星很快成为凤凰卫视的当家花旦，受到了业内的一致好评。

除了主持美食节目，沈星还出版了几本菜谱。在制作菜谱的过程中，她创下了一天煮 19 道菜的纪录。

就这样，凭借出色的厨艺，沈星顺利开拓了自己的事业。

财商分析 三百六十行，行行出状元。将自己的特长融入到工作中，更容易获得自信和快乐，继而提升工作质量和生活品质，在精神和物质上获得双重财富。

宠爱自己的特长，脚踏实地地工作，财富就会离你越来越近。**财商借鉴**

财商代表：**蔡志忠**
财商关键词：**特长、兴趣**
财商值：80

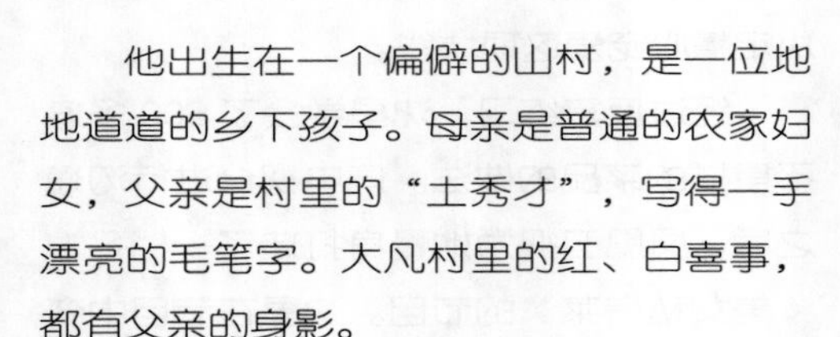

将特长发挥到极致

来源：《思维与智慧》　作者：谢国渊

他出生在一个偏僻的山村，是一位地地道道的乡下孩子。母亲是普通的农家妇女，父亲是村里的“土秀才”，写得一手漂亮的毛笔字。大凡村里的红、白喜事，都有父亲的身影。

记得小时候，他常趁父亲不在家，偷偷溜进书房。他爬上书桌，拿起毛笔，蘸满墨汁，在墙上涂画了一个人像。这是他生平的第一幅画作。父亲回家后，看到洁白的墙上留下了儿子的“处女作”，气得操起棍子追着他打。而顽皮的他却边跑边回头，和父亲玩起了猫捉老鼠的游戏。

或许是受到这次涂鸦事件的启发，没过多久，父亲居然买了一块小黑板送给他。从此，他每天都会趴在小黑板上，痴迷地一画就是三四个小时。这块小黑板便成了他漫画人生的起点。

上小学时，他又在书本、作业本的空白处，画上各种人物头像。考入初中后，他开始有意识地阅读了大量的漫画书，细细品味名家的画作，然后埋头作画，并将自己的作品寄给出版社。令人意想不到的是，他的画稿不断地被采用。

初二暑假，他收到集英社的聘任书。当晚，父亲一如平常，坐在藤椅上看报，他走到父亲身后，说：“爸，我明天要到台北去画漫画。”父亲头也没抬，边看报边问：“有工作吗？”“有了。”“那就去吧。”父亲一动也没动，继续看他的报纸。真想不到，父亲会如此轻易地答应他弃学从画的选择。这十几秒的一问一答，竟成了改变他一生的最重要时刻。

辍学后的他，带着200元钱和一个大皮箱只身来到台北。让出版社老板颇感惊讶的是，画出自己中意作品的，竟然是个孩子。

3个月后，他跳槽去了当时最大的漫画出版社——文昌社。为了提高自己的专业素养，他自修了大学美术系里的所有课程，从顾恺之到拉斐尔、从西方美术史到维纳斯的诞生。

一天，他在报上看见光启社招聘美术设计人才，但必须是大学本科毕业和有两年以上电视节目工作经验的。然而，只有小学毕业证的他，却抱着作品集去找招聘负责人。结果，他击败了29名大学生，如愿进入光启社。他说，“我没有文凭，可是实力超强。”

正是凭着超强的实力，不久，他成立了“远东卡通公司”，专事广告动画片的制作。他制作的《七彩卡通老夫子》，创

下动画电影界有史以来的最高票房记录，并由此获得当年的最佳动画片金马奖。

声名鹊起的他，并没有停下追求的脚步，而是朝着更高的人生目标迈进。“厚积才能薄发”，为了薄发，他选择了闭关。闭关，就是潜心做一件事，就是疯狂地做一件事。在闭关的日子里，他每天睡眠不超过五小时，吃的都是“东方三明治”——馒头加豆腐乳。闭关3年，他研究佛学，画出了《禅说》，出版了3本画集。闭关10年，他潜心研究物理、数学，画出了《时间之歌》和《东方宇宙》。此外，他还积累下了大约14万张画稿、1400万字笔记、40000多格PPT，能出800本书。其创作量之巨，令世人震惊。

由于他的不懈努力，他创造了一个又一个奇迹。从15岁成为职业漫画家起，他的画作曾连续两年位居台湾畅销书排行榜之首。他开启了中国古籍经典漫画的先河，《庄子说》《老子说》《大醉侠》《光头神探》等100多部作品，在30多个国家和地区出版，销量超过了3000万册。日本高中课本（旺文社1994年版），还以《庄子说》中的7页作为基本教材，第一次把华语漫画推向了世界。

1999年，他获得荷兰克劳斯王子基金会奖，2008年获得了“华语动漫终身成就奖”。现在，全球每天至少有15部机器在印他的作品，他因此成为中国有史以来卖书最多、版本最多的作家。

没错，他就是台湾的蔡志忠。

90年代初，蔡志忠的漫画作品进入内地，犹如一阵旋风，在大陆画坛掀起了强烈的漫画风暴。他的漫画，以简练的线条，流畅的笔画，把深奥古涩的典籍，加以现代的诠释，让人们轻松学习经典，启迪心智。

在谈到自己的成功秘诀时，蔡志忠说：“把自己最擅长的事做到极致，就会成功。”在人的一生中，你必须充分了解自己的长处与喜好，确定自己的人生目标。全力以赴，疯狂而执着地把自己最擅长的事做到极致，你，同样能够成功。

财商分析

有心栽花花不开，无心插柳柳成荫。漫画家蔡志忠在废寝忘食的工作中，不但获得了更多知识，财富和名利也主动向他敞开了大门。

沉醉于工作，本身就是一笔巨大的财富。

财商借鉴

财商代表：**岗本弘夫**
财商关键词：**创意**
财商值：**85**

魔术思维闯商海

来源：《科海故事博览（智慧文摘）》　作者：周铁钧

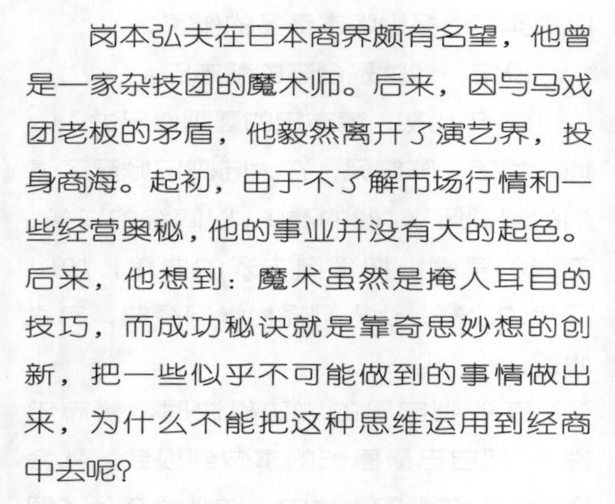

岗本弘夫在日本商界颇有名望，他曾是一家杂技团的魔术师。后来，因与马戏团老板的矛盾，他毅然离开了演艺界，投身商海。起初，由于不了解市场行情和一些经营奥秘，他的事业并没有大的起色。后来，他想到：魔术虽然是掩人耳目的技巧，而成功秘诀就是靠奇思妙想的创新，把一些似乎不可能做到的事情做出来，为什么不能把这种思维运用到经商中去呢？

于是，他开始用心观察生活中的事物，像创作魔术一样寻找经商灵感。

有一次，岗本应邀到朋友家做客，发现朋友家有一个很大的玻璃鱼缸，里面摆了许多奇形怪状的石头，石缝中寄养着成对的小虾。问过方知，这种生长在南方海礁中的小虾，自幼就有一雌一雄钻进石头缝隙中的习性，长大后困在里面无法出来，只好如此度过一生。人们根据它们的习性，对它们稍加装饰，作为观赏小动物出售。

岗本仔细欣赏了一番，突然产生了一个灵感：龟，在日本人的心目中有着特殊含义，它象征着久远、长寿、吉祥等，如果将龟用小虾的饲养方式饲养，便是从一而终、坚贞不渝的实体象征，可以用来表示相伴永久、幸福美满、健康长寿，必会成为一种极有卖点的新婚或祝寿礼品。

很快，岗本订购了一批口小肚大的圆形玻璃缸，买来幼小的七彩龟，将一雌一雄放在里面饲养。不到半年，它们已长得不能再从缸口取出来，此时，他便设计出“偕老同心”“永世不离”等漂亮装饰拿去出售，立即在东京市场上成为最畅销的结婚、祝寿礼品。后来，他专门开办了一个七彩龟饲养场，仍供不应求。

有一年春天，岗本去东京的一家大超市购物，发现一个女顾客正在与营业员争执。原来，这个女顾客在儿童用品柜台买了几盒婴儿用的卫生纸巾，使用时发现这种纸巾吸水效果非常糟，便拿回来要求退货。

岗本灵机一动，拿过纸巾盒，看清地址，立即驱车到这家工厂。听完经理的诉说，他才知道，由于技术人员疏忽，投料时配错比例，致使这批纸巾出现了严重的质量问题。

“经理先生，这批纸巾一共生产了多少？”岗本问。

“10 吨，另外还有几十吨纸浆。”

“能不能让它的效果更好一些？”岗本又问。

“不可能，防水剂的比例过大，无法再分离出来。”经理哭丧着脸答道。

“您误会了，先生，我是说能否进一步增加它不吸水的效果，甚至完全不吸水。”

“当然可以，只要重新搅拌成纸浆，加入防水剂。您这么问是什么意思？”经理有些惊讶。

“太好了，按您刚才说的，达到完全不吸水的效果，我订购 20 吨，现在就可以签订合同，付给您订金。”

不久，日本进入雨季，各地市场上出现了一种价格非常便宜、用纸制作的一次性雨衣、雨伞，很快销售一空。

不必说，这又是岗本奇思妙想的结果。

财商分析　岗本利用魔术领域的思维，在商界数次创造奇迹，一次是通过鱼缸养鱼做联想思维，一次是通过不吸水的纸做逆向思维。换种思维看待这个世界，你就能取得意想不到的收获。

财商借鉴　商品的价值并不完全取决于其自身的高度，很大程度上取决于我们思维的高度。

财商代表：**邝晖波**
财商关键词：**创意、时尚**
财商值：**70**

QQ表情的快乐人生

来源：《青年文摘（红版）》　作者：儒　风

中国有多少QQ用户？6亿！中国有多少QQ用户在与好友聊天时使用QQ表情？6亿！可是，这6亿中国人却纷纷与身边的财富擦肩而过。如果在这里我告诉你，一个浙江的打工仔靠卖QQ表情赚了100万，你是不是会后悔得直跺脚！

1982年，邝晖波出生在浙江省义乌市浦江县农村。2000年，他高中毕业后外出打工，在县城的一家酒店做保安员，每天工作十多个小时，月收入却只有500元。工作了近两年后，邝晖波越来越感到自己必须学一门技术才行，于是，他去了当地一家电脑培训中心，进行了为期半年的电脑培训。结业后，他只身来到温州市闯荡。

2003年7月，邝晖波在温州市鹿城区一家网吧找到一份网管的工作，每月包吃包住，有800元工资。在这里，邝晖波工作非常勤恳。经过一年的摸爬滚打，邝晖波做上了网吧主管，月工资涨到了1600元。

2005年1月的一天，邝晖波因为工作上的疏忽，被老板扣掉了200元工资。心情低落的他打开QQ，和一个网友聊天解闷。就在这时，网友给他发来一个十分搞笑的QQ表情：一个瘦不拉叽、透着“土包子”气的年轻男子，浑身上下不断地哆嗦，双手还在胡乱摇摆着，故作双眼泛白、口吐白沫状，典型的一个“抽筋男”。看到这个可笑的QQ表情，邝晖波情不自禁地大笑起来。随后，网友发来的一个又一个QQ表情，更是让邝晖波笑得合不拢嘴……

从此，邝晖波便迷上了这些可爱的QQ表情，工作之余他开始大量搜寻千奇百怪的QQ表情。2005年4月28日，邝晖波在上网时，发现了一个可以免费申请域名做个人网站的地方，于是他就以“小波逗你乐”的名字，注册了一个个人网站，把自己平时搜集的QQ表情传到了网站上，供网友们免费下载使用。

令他没想到的是，他四处搜集的这些QQ表情，在网上竟然大受欢迎。很快，他的网站点击率就直线上升。

一个月后，一个QQ网友提出要邝晖波把网站内所有的QQ表情打包压缩后制作成光盘卖给他。见自己的劳动成果被肯定，邝晖波十分高兴，很快就应这名网友的要求，制作好光盘寄了过去。这笔“特殊”的买卖，让邝晖波赚到了100元的酬劳费。

虽然酬劳不多，但却深深触动了邝晖波。他不禁琢磨开了，心想：如果自己专门去卖 QQ 表情，说不定会有别样的人生！

萌生了这个念头后，邝晖波就开始寻求经营 QQ 表情的方法。

经调查了解，他决定加盟互联网联盟！互联网联盟收取广告客户一定的费用，与广告客户签订推广合同，接着将广告业务分发出去，在联盟内的各网站上刊登广告，然后根据这个网站每天的浏览量付报酬。访问量越大，网站挣的钱就越多。

2005 年 7 月 17 日，邝晖波加入了互联网联盟。网站在邝晖波的努力经营下，点击率节节攀升，又有不少人提出购买压缩光盘的要求。一个月下来，他的网站日访问量一举冲破 10000 大关。这个月，邝晖波收到了互联网联盟支付给他的 2000 元报酬！

然而，事情并非一帆风顺，网站红火了几个月后，点击率就开始明显跌落，这让邝晖波感到很迷惑。他主动联系了以前向他购买 QQ 表情光盘的一位顾客，经过询问，邝晖波才知道，随着 QQ 表情普及的速度越来越快，他自己辛苦找来的 QQ 表情，在网民们看来早已不再新鲜。一语惊醒梦中人！邝晖波这才意识到，网民们出现了“审美疲劳”，如果你的 QQ 表情不是独家的，谁会愿意花钱来买呢？

2006 年 1 月的一天，邝晖波正郁闷地在一个网站上寻图时，一个帖子引起了他的注意。帖子是一个叫方晨的大学生发的，他说自己所学的专业是动画制作，业余爱好就是制作搞怪的 QQ 表情，希望有门路的朋友能将他制作的 QQ 表情变成钞票。帖子的最后还附上了三张他制作的“情侣打架”表情和个人联系方式。

邝晖波看完这个帖子后，当即被眼前这三张情侣打闹恶搞的表情所吸引。这不正是自己所需要的吗？他马上与方晨取得了联系，并表示自己愿意出 500 元钱收购他的“情侣打架”全套表情。这位正缺钱的大学生听后，当即表示愿意出售。果然，这组“情侣打架”的表情在网站上一推出，立刻引起了网民们的热烈反响。

初战告捷，邝晖波跟方晨紧密合作——出钱雇请方晨向同专业的同学收购他们制作的 QQ 表情。不仅如此，邝晖波还频繁地在自己的网站及各大门户网站上做宣传，全国各地四处有偿征集自创的搞笑 QQ 表情，定价依据表情的搞笑程度和数量，在 200 ~ 2000 元之间。

此后，很多热爱制作 QQ 表情，但苦无销路的人，都纷纷和邝晖波取得了联系，表示愿意长期合作。由于网站的点击率屡创新高，这时竟然有几家广告商主动联系邝晖波，表示愿意在他的网页上租广告位。此时，邝晖波对自己的“事业”更有信心了。

2006 年 5 月 25 日，邝晖波毅然辞职，找了一间便宜的出租屋安顿下来，然后花了近 8000 元高价，购置了一台高配置的电脑，正式开始了创业之路。

到 2006 年 10 月，邝晖波经营的 QQ 表情生意又有了新的突破。“十一”国庆长假期间，邝晖波的一个朋友给了他十几张电玩城的门票，让他免费去玩。这一玩不打紧，里面各色的动漫产品给了邝晖波极大的创业灵感。他想：如果自己将 QQ 表情这项事业加以延伸，让它们从图片变成实物，走进老百姓的生活，那岂不是更有钱可赚。毕竟，幽默带给人愉悦的心理是共通的，并不局限在网民中。

那天，从电玩城回家后，邝晖波把自己关在房间里，先是从自己网站上的QQ表情中，精心挑选出自己已经买断了版权的“打嗝猪”这套图片。正好2007年是猪年，如果能将“打嗝猪”做成玩具实物推向市场，一定能引起强烈反响，不愁销路。

说干就干，邝晖波接着找到了鹿城区的一个玩具厂。当邝晖波把想法告诉该厂负责人后，负责人一开始很不屑，冷冷地回应道：“这是一个新产品，你如何保证一定会畅销？如果产品积压，损失谁来负责？”

负责人的话给邝晖波浇了一盆冷水，思考了一会儿后，邝晖波信心十足地对负责人说：“第一批推向市场试销的猪娃娃的费用，全部由我来出，亏损由我负责，赢利我们五五分成。你看这样如何？”见邝晖波如此有信心，并且自己也没有风险，负责人这才点头同意。

很快，玩具厂就生产出了第一批各式各样表情的“打嗝猪”。因为考虑到是试销，首批只生产了1000个。没想到推向市场后，市场反应惊人，很快就被“抢夺”一空。首炮打响，这家玩具厂马上找到邝晖波，要求加量生产第二批。不仅如此，还有两家玩具厂商主动联系邝晖波，开出高价，希望买到“打嗝猪”的版权，但讲究诚信的邝晖波最后还是将“打嗝猪”的版权卖给了最初那家玩具厂，一举获利5万元。

这时，一些彩色信纸、海报和明信片等生产厂家，都纷纷主动联系邝晖波，希望能购买他拥有的QQ表情的版权。为了扩大生意渠道，邝晖波也主动联系了很多服装厂、文具制造厂和陶瓷杯制品厂等，与他们签订协议，共同开发QQ表情潜在的商业价值。

在开拓版权市场的同时，邝晖波依旧精心管理着自己的网站。新鲜出炉的QQ表情，会在第一时间被上传到网页上。到2007年8月，网站已有了上百个页面；各地生产厂家都纷纷与邝晖波签订了长期合作协议。邝晖波说，他将来要自己开一家公司，将自己拥有的QQ表情，打造成一个深受老百姓喜爱的品牌。

财商分析

邝晖波看到QQ表情的商机，从各处收购QQ表情，并对其进行深度开发：一是做成光盘。二是用来增加网站流量，收取广告费。三是将他拥有版权的QQ表情授权给商品生产商，从虚拟产品中获得实际财富。

若能将文化产品的版权进行充分利用，小小的物品也能产生让人惊讶的利润。

财商代表：**丹·弗洛里奥**
财商关键词：**创意**
财商值：**80**

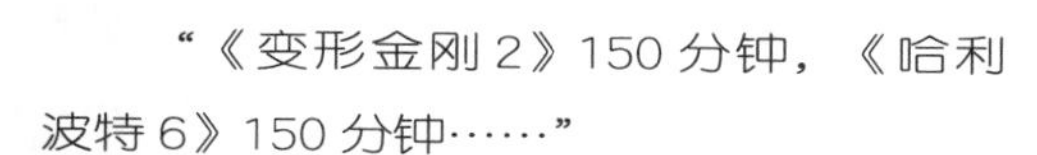

看电影，你应该知道的“尿点”

来源：《新闻晨报》　作者：戴震东

“《变形金刚2》150分钟，《哈利波特6》150分钟……”

如今上档的大片是越来越长了，动不动就两个多小时。这样问题就来了，看场大片，咱们还得和自己的膀胱作战。这下好了，一个名为“跑去尿尿”的网站给观众们带来了一条“网络尿不湿”，它会提前告诉你在某部影片的几分几秒，你可以放心去厕所，而不用担心错过重头戏。

33分钟后可以去厕所

“《变形金刚2》150分钟，《哈利波特6》150分钟……”

电影院放映厅外，一对年轻的情侣站在售票窗口前仔细端详。女孩提出要多带些饮料进场，被男孩断然拒绝。要知道，谁都不想因为中途上厕所而错过了电影的精彩情节。

放映厅里，观众们的注意力全部都被眼前的屏幕吸引过去了。此时正是最紧张的时刻，男主角在枪林弹雨中惊险地左躲右闪，几次都差点丢了性命。此刻，一个观众正在座位上不安地扭动着，身体已经微微地离开了座位，眼睛却还黏在屏幕上不愿离开。“这场打完就可以歇歇了。”这位观众对一旁的朋友说。几分钟后，他舒坦地从厕所回来，刚刚坐定，朋友告诉他，刚刚他错过了一场重头戏。小伙子有些懊恼，挠挠头皮，叹了口气，后悔自己没有再憋几分钟。

如此遭遇，我们看电影的时候或许都碰上过，可电影大多没有中场休息，而且时间也越来越长，如今两个小时的片子都算短的。

不过，这种情况即将成为过去，因为有了美国人丹·弗洛里奥的“跑去尿尿”网站（Runpee.com）。这个专门介绍电影“尿点”的网站，正悄然走红。

电影“尿点”是怎么一回事？

登录“跑去尿尿”网站，可以看到许多电影名称。试着点击《哈利波特》，页面的右边会出现一条黄色的横轴，代表片长，横轴上白色的圆圈则是所谓的“尿点”。

《哈利波特6》的第一处“尿点”是在大约33分钟时，哈利波特的老师邓布利多用他的蓝眼睛扫了一眼在场的学生，微笑着说：“都乖乖睡去吧。”哈利波特可以去睡觉了，你当然也可以去解手了。第二处是在大约45分钟后、第三处是在大约62分钟后、第四处是在电影73分钟后……

通过征集，网友们一共为本片找到了6个“尿点”。

接着，我们点击《变形金刚2》。网站显示该片的总长为150分钟，“尿点”则在影片的第30分钟、第65分钟、第100分钟。这3个时间节点，是网站宣称的绝佳如厕时间。而这3个时间点，分别是主角拉博夫享受家庭时光、大学生活和关键的金字塔决战前夕。

不过，我们也许会担心，如果“尿点”信息不准确怎么办？网站会不会拿观众们开涮呢？

还好，就目前“跑去尿尿”提供的信息来看，“尿点”在网友中的认同度还真不差。

更为贴心的是，“跑去尿尿”还不只是会告诉你上厕所的时间，它还帮你想到，万一你真的跑去上厕所了，它有责任告诉你这段时间所发生的剧情。有趣的是，为了避免你还没看电影前先不小心“瞄”到这段剧情，“跑去尿尿”还特意将这段剧情写成“乱码”，需要按下“解码”键，它才会变成可读的剧情。不过，要说明的是，这项服务更多是针对用手机上网的观众，他们可以及时了解这段上厕所时间所发生的剧情。

影迷们的“免费午餐”

借着《变形金刚2》《哈利波特6》《飞屋环游记》等红火大片的东风，“跑去尿尿”也收获了大量拥趸。

它不同于过去传统的电影网站，比如“IMDB”“豆瓣”（主要内容是电影介绍、网友评分、发表评论）；它并没有最新、最快的电影资讯和精美的海报，而是另辟蹊径，用一种匪夷所思的方法来吸引观众。有影迷甚至称“跑去尿尿”为“有史以来最有用的电影网站”。

“跑去尿尿”的网页左边是查询列表，可以根据电影的上映日期、字母排序、放映长度或者经典程度，查询你想要了解的电影。只要是现在正在上映的热片，在那里全部都榜上有名，而且每一个都被细心地标注了不同的“尿点”，也就是最佳上厕所的时间。

“跑去尿尿”的创建人丹·弗洛里奥，会在网站的博客上征集各大电影的“尿点”，并表示自己会去亲身体验，以确保提供的“一切恰到好处”，以符合网站的宗旨——“你不再需要提着一只尿壶去电影院”。

事实上，这个网站的设计也和它的主

题紧紧相扣。当你点开这个网站的时候，页面首先会全部呈现满满的一杯水，再一点一点下降到屏幕底部，之后网站内容才会出现。

颇有趣味的是，网站首页的几个字母一开始都是白色的，随着时间变长，白色会慢慢变黄。等到字母全部变成黄色的时候，最大的字母“N”就会开始不安地扭动。一开始只是很小幅度的动作，之后会越来越大，最后它会跳起来，朝着一边狂奔而去。又过一会儿，白色的“N”慢慢地蹦了回来，然后问出一句：“我刚才错过了什么？”

这个过程惟妙惟肖地写出了每个电影观众都遇到过的窘境，而这个设计，正是出自网站创造者丹·弗洛里奥之手。

丹·弗洛里奥今年 42 岁，住在佛罗里达州，是一个软件设计师。2005 年，他去影院看当时热映的《金刚》，但这部长达 3 个小时的电影快让弗洛里奥崩溃了，因为电影放映了一半，弗洛里奥就想要“嘘嘘”，可他又不知道什么时候如厕比较稳妥。于是他萌生了一个念头，就是要创建一个为影迷在看大片时提供最佳如厕时间的网站。他和妻子包办了网站所有的事宜，如今，他已经养成了每天看电影并且做笔记的习惯。

弗洛里奥说，这个网站现在每天都有近 6000 的点击率。他认为“跑去尿尿”不仅仅是影迷们的福音，同时也为电影院经理带来了利益。

“许多用过我的网站的人说：‘哦！我现在可以在电影院里喝下四杯水了！’”弗洛里奥说道。

不过，弗洛里奥也遇到了一个问题，他原本是想让广大影迷帮助他找各大电影的“尿点”，然而事实却是他自己必须承担大部分的工作。找到合适的“尿点”和确定它到底有多长，这是一项比想象中更困难的工作——大部分的影迷都不太可能掐着秒表去看电影。

弗洛里奥指出，“这并不好笑，我真的得付钱让人来做这个工作。”事实上，总体上来说，越精彩的电影，它的“尿点”也越难找，比如说 96 分钟的《飞屋环游记》，几乎找不到一个可以让人离开的地方。

其实这样的问题并不让人意外，一千个人心中有一千个哈姆雷特，或许你觉得沉闷的段落，在别人看来却是经典桥段。所以，弗洛里奥希望能有更多人加入这个网站，为每一部电影找出一个相对公允的“尿点”。

财商分析

丹·弗洛里奥无疑是生活中的有心人，知道不少人为看电影途中何时上厕所的事烦恼，便想办法解决，建立了一个服务性网站。在获得超高的点击量之后，财富自然会滚滚而来。另辟蹊径，勤于思考，敢于创新，正是丹·弗洛里奥获取成功的源泉。

当一个行业变得炙手可热时，我们没必要参与激烈的竞争，可以考虑它的衍生需求。

财商借鉴

财商代表：**徐翰**
财商关键词：**创意、动漫**
财商值：**80**

一只千万产值的“小狐狸”

来源：《创业邦》　作者：郑江波

阿狸在网上成名，衍生出各类线上、线下产品，可能是世界上最贵的一只狐狸。

1982年出生的徐翰，从小喜欢画画。高二的时候，为追求心仪的女孩，他每天都为女孩画一幅穿着白色短裤的红色狐狸，不同的表情、场景、动作，共画了365幅。虽然两人没有在一起，但日复一日，直到考入清华美院，他还在画着。大学毕业后，徐翰曾经想将所画的卡通形象商业化，但是考虑到自己太年轻，当时国内动漫产业也比较萧条，便放弃了。后来，他又回到母校清华美院，攻读视觉传达的硕士学位。

几年后，这只叫“阿狸”的狐狸在网上风靡起来，它的产值已经达到上千万元。

团队作战的第一桶金

2006年，徐翰陆续将先前所画的插画放在猫扑等论坛上。“互联网给草根漫画家带来了机会，只需要将作品传到网上，就可能被很多人关注。”

第二年，他又决定把阿狸制作成一套QQ卡通表情，一经推出便达到了病毒式的传播效果，之后又为搜狗输入法定制了一套阿狸皮肤，颇受欢迎。但阿狸始终还只是一个卡通形象，缺少内容黏性。徐翰的导师告诉他，好的设计要讲一个好的故事，于是徐翰又开始尝试给阿狸画故事，计划积累到一定量后推出绘本。“麦兜只是一只平常的小猪，之所以被称为香港人的史诗，也是因为其背后有一个很好的故事。”徐翰说。

这只狐狸还为徐翰带来了一位合作伙伴——现任红杉资本合伙人曹毅。曹毅的初衷是请徐翰帮忙做一些Flash动画设计，却被阿狸的卡通形象和商业设想所打动：中国这么大的市场，却出不来一个本土化的Hello Kitty、米老鼠。借助互联网的力量，中国的动漫产业是否会在未来几年飞速发展？二人决定一起创业。

徐翰觉得他们具有很强的互补性：曹毅从市场的角度看阿狸，自己从艺术的角度看阿狸；曹毅负责团队日常的运营、管理，自己则可以一心搞创作。由于没钱，他们只得注册一个皮包公司，靠接外包勉强维持。2009年，二人终于拿到一位台湾投资人几十万元的天使投资，成立了北京梦之城文化公司。经由曹毅介绍，现任CEO于仁国也进入了团队，曹毅则成了梦之城的董事。

凭借阿狸的知名度，梦之城形成了以徐翰创作内容，于仁国领导团队运营品牌、

打造产品的商业模式。2009 年初和 2010 年底，徐翰分别完成了《阿狸梦之城堡》和《阿狸永远站》两册童话绘本的创作，一个比较萌、比较二、又贱又胆小的阿狸跃然纸上，主题是亲情、爱情、友情。《阿狸永远站》于 2010 年圣诞节上市，在北京西单图书大厦办了签售，队伍排到了地下车库。“在现场就卖了 1 万多册，绝对是动漫圈的一个新纪录。”梦之城 CEO 于仁国说。

上市至今，阿狸两册绘本的总销量共达到了 100 万册，去年达到了井喷状态，卖出 80 万册。按一本 3 元的版税计算，就是 200 多万元的营收，而这只占梦之城去年全年营收的 1/5。梦之城去年营收 1000 万元，公仔、玩具等衍生品占总收入比重的 80%~85%，这也使他们迈出了重要的一步：尝试拓展线上渠道，即在淘宝上开店。仅靠 QQ 表情的海量传播，就获得了一定的接受度，时至今日，几乎所有主流 B2C 网站都有阿狸的网店，毛利率达 60% 以上。

从线上走来的卡通形象

徐翰觉得互联网拯救中国动漫产业的另一个原因，是电子商务让动漫厂商可以直销产品，规避盗版的冲击。即便如此，梦之城在线上仍然深受盗版的困扰。“现在淘宝上有一万家店在卖我们的东西，卖正版的不超过一百家。”于任国说。从去年开始，梦之城开始拓展线下渠道，自身主要负责中间环节的产品设计以及仓储，上游的制造和下游的销售都由合作方完成。

网络带来的效应还在继续。“麦考林女装和我们已经签约第三季了，还有真维斯，每卖出一件衣服我们就能抽成 8%~10%。”于仁国说。由于阿狸形象对互联网人群影响比较直接，所以电商品牌很容易谈成合作。除了麦考林和真维斯，童装品牌绿盒子、饰品品牌珂兰钻石，包

括凡客诚品，都是阿狸的授权合作商家。梦之城还有一小部分收入来自于为腾讯开发收费会员产品的制作费，如一些魔法表情和装扮等。

最近，梦之城发布了一款运行在QQ开放平台上，名为《小小阿狸》的经营类网页游戏，开发商是一家上海的网络游戏公司。与《喜羊羊与灰太狼》不同的是，阿狸从互联网开始传播，直接切入到新媒体，并且已经成为了新媒体动漫形象的代表，目前在微博、人人网等各大平台的粉丝总量达到了600万。在百度贴吧，排名前100名的动漫形象只有两个本土形象，一个是喜羊羊，另一个就是阿狸。在“阿狸吧”，一个围绕阿狸绘本而产生的互动话题曾经盖到10万楼，人人网上阿狸的粉丝群人数达到了60万。

但他们希望阿狸的形象可以在线下落地。梦之城和一家动画公司合作，推出了4部阿狸动画短片，每部都达到了上千万的播出量。梦之城还计划将推广渠道延伸到电视、平面等传统媒体。

“从营销和内容的角度，内容绝对是内核，否则营销做得再好，产品也将是昙花一现。”徐翰说。一个简单的例子是，虽然阿狸的忠诚粉丝以女性为主，但是在产品购买者中，男性却占到40%。这说明阿狸故事中唯美的爱情元素，让阿狸产品成了恋人之间表达爱意的礼品。从产品和营销的角度来看，由于阿狸产品的单价一般只有几十元，因此需要提高重复购买率，薄利多销。归根结底，还是要靠产品留住用户。

梦之城刚刚于近期完成了1000万规模的A轮融资，这笔钱将会用在增加库存和丰富产品上。徐翰一直觉得阿狸是业内的一个奇迹，在没有任何竞争壁垒的情况下，没经过任何资本运作，从两个人发展到了50个人。

“这就是动漫产业的魅力，时间越长，价值就越大。一些互联网卡通形象之所以很快消失，是因为没有做长期规划，而我们在公司建立的第一天就对这个产业看得很清楚。”于仁国说。在产业链的内容、推广、产品、销售等各个环节上，梦之城都有专门的人负责，构建了完整的业务体系，贯通了链条的各个环节。这就是梦之城不同于其他公司的地方。

财商分析

在制作团队的悉心打造下，阿狸可谓是全面开花：出绘本、出QQ表情、出动漫、出产品……比真人明星更加风光。它不是简单的动漫形象，而是一只真正的招财狐狸。认准一件事，并围绕其进行持续开发，财富自当不期而至。

好的文化产品在好的商业模式下，才能滋生出巨大的财富价值。

财商代表: **孔菲德**
财商关键词: **思考、抓住机遇、推销能力**
财商值: **70**

从穷小子到股票巨人

来源:《赚钱故事全集》　作者:老　何

美国股票巨人孔菲德，具有非凡的商业才华。别人做生意都是从小到大，本利一步步往前滚。而他不光白手起家，还玩空手道，一分本钱不掏就成了大富翁。

孔菲德自幼家境贫困，后来，他以惊人的毅力，考取了一所著名大学。

毕业后，又因为生活窘迫，他只身漂流到纽约，到一个互助资金会做推销员。所谓互助基金，也叫共同基金，是一种专门从事证券投资的组织。它由参加基金的股东筹集资金，为了相互的利益，他们将资金集中使用，一般是投资于上市股票。如果基金经营有方，基金将会渐渐增大，基金的股价也会随之上升，股东可从中受益。

孔菲德认真研究了互助基金的组织形式，他发现，互助基金犹如一座金字塔，它的最底层是推销员，上层是推销主任，再上层是地区和全国性的高级推销员，而高高在上的则是互助基金的经理们。上面的一层，均有从其属下的佣金中提成的权力。于是，孔菲德便拿出身上所有的钱，开办了一家贸易合作公司,想在更高层的领域去施展自己的才华。

这个时候，孔菲德发现了一个很好的机遇，就是美国的侨民市场。这些美侨都很富有，都想将资金投到美国的股票市场，以获取长足的收益。为了抓住这个天赐良机，孔菲德便广泛游说，卖出了很多份共同基金，为自己赢得了巨额的利润。由此，他的名望也逐渐大了起来，给他投资的人越来越多。

不久，孔菲德又发现法德里的股票很有市场，便提出了一个有效的开发报告，希望自己能够成为法德里在欧洲的总代理。因为之前孔菲德的名声与业绩，法德里方面同意了与他的合作。这样，孔菲德就可以从每一个推销员的每一笔交易中提取20%的佣金，因此他很快成了百万富豪。

1960 年，孔菲德注册了自己的共同基金公司，取名为“国际投资信托公司”。由于孔菲德从事了十几年的共同基金推销工作，不但熟悉情况，而且拥有大批训练有素的推销员，因此很多客户都认为他的公司是值得信赖的，纷纷购买他的股票。不到一年的时间，国际投资信托公司的基金股票成为股市上的抢手货，孔菲德的收入迅速增加。两三年后，他的财富已达 7.5 亿美元。

财商分析　孔菲德虽然身无分文，但善于思考和捕捉商机，同时还具备出色的推销能力。他在积累了第一桶金之后，开办贸易合作和基金公司，从推销员手中获得巨额提成，最终成为史上有名的亿万富翁。勤于思考，善于抓住机遇，是获取财富的不二法门。

借力生财需要良好的信誉做支撑。**财商借鉴**

财商代表：**斯帕奇**
财商关键词：**失败、创意、恒心**
财商值：**80**

失败有时也是一笔财富

来源：《意林（原创版）》　作者：谈笑生

有一个绰号叫“斯帕奇”的小男孩儿，在学校里的日子可以说是忍无可忍。他读小学时，各门功课常常不及格。到了中学，物理成绩通常都是零分。他成了全校有史以来物理成绩最糟糕的学生。

斯帕奇在拉丁语、代数以及英语等科目上的表现同样惨不忍睹，体育也不见得好多少。虽然他参加了学校的高尔夫球队，但在赛季唯一一次重要比赛中，他输得丢人现眼。即使是在随后为失败者举行的安慰赛中，他的表现也是一塌糊涂。

在整个成长时期，斯帕奇笨嘴拙舌，社交场合从来就不见他的人影。这并不是说其他人都不喜欢他或讨厌他。其实在人家眼里，他这个人仿佛不存在。如果有哪位同学在学校外主动向他问候一声，他会受宠若惊，感动不已。

他跟女孩子约会时会是怎样的情形？大概只有天晓得。因为斯帕奇从来没有邀请过女孩子一起出去玩过。他太害羞，生怕被人无情地拒绝。

斯帕奇真是个无可救药的失败者，然而他对自己的表现似乎并不十分在乎。从小到大，他只在乎一件事情——绘画。

他深信自己拥有与生俱来的绘画才能，并为自己的作品深感自豪。但是，除了他本人以外，从来没有其他人看得上眼他的作品。上中学时，他向毕业年刊的编辑提交了几幅漫画，但最终全部落选。尽管有多次被退稿的痛苦经历，但斯帕奇从未对自己的绘画才能失去信心，决心今后成为一名职业漫画家。

到了中学毕业那年，斯帕奇给当时的沃尔特·迪斯尼公司写了一封自荐信。该公司让他把漫画作品寄来看看，同时规定了漫画的主题。于是，斯帕奇开始为自己的前途奋斗。他全力以赴，以一丝不苟的态度完成许多幅漫画。然而，最终迪斯尼公司并没有录用他，他再一次吞下失败的苦果。

前途对斯帕奇来说十分渺茫。走投无路之际，他尝试着用画笔来描绘自己失败的人生经历。他以漫画语言讲述了自己灰暗的童年、不争气的青少年时光——一个学业糟糕的不及格生、一个屡遭退稿的所谓艺术家、一个没人注意的失败者。他的画也融入了自己多年来对画画的执着追求，以及对生活的真实体验。

连他自己都没想到，他所塑造的漫画角色一炮走红，连环漫画《花生》很快就风靡全世界。从他的画笔下走出的一个名叫查理·布朗的小男孩儿，也是个彻头彻

尾的失败者：他的风筝从来就没有飞起来过，他也从来没打好过一场橄榄球，他的朋友们都叫他“木头脑袋”。

熟悉小男孩儿斯帕奇的人都知道，这正是他早年平庸生活的真实写照。他究竟是谁呢？他就是世界闻名的漫画家查尔斯·舒尔茨。

其实，失败有时也是一笔财富。只要你能够认真看待失败，它就会为你带来智慧的源泉和成功的机遇。

财商分析

《花生》漫画的作者和大多数成功人士一样，都经历过比普通人更惨痛的失败。他以亲身经历告诉我们：财富并没有特殊的偏好，它离每个人都不遥远。即使是生活中的失败者，也能找到化腐朽为神奇的途径。

财商借鉴

只要有恒心和创意，所有事物都能转换成财富。

财商代表：**杰·谢佛**
财商关键词：**资源性收入、低碳、环保、眼光**
财商值：**90**

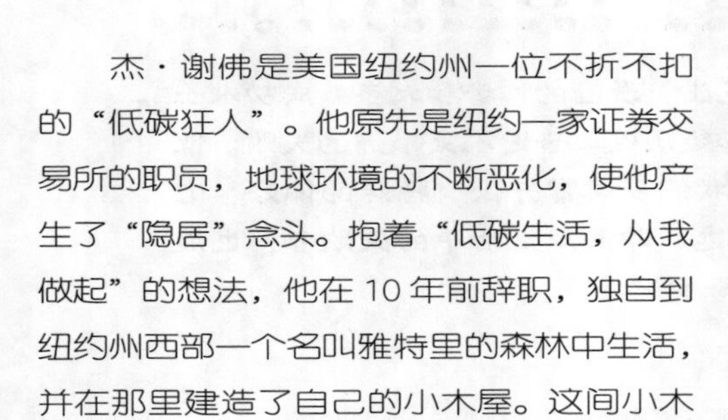

“低碳狂人”的致富路

来源：《华人时刊》 作者：陈亦权

杰·谢佛是美国纽约州一位不折不扣的“低碳狂人”。他原先是纽约一家证券交易所的职员，地球环境的不断恶化，使他产生了“隐居”念头。抱着“低碳生活，从我做起”的想法，他在10年前辞职，独自到纽约州西部一个名叫雅特里的森林中生活，并在那里建造了自己的小木屋。这间小木屋里面不仅没有任何电力和燃油设备，甚至连厨具也是极为原始和简陋的柴火炉。

每天，他把大量的时间都用在捕鱼和种菜上，有时候他也会用人力车拉一些蔬菜和鱼类到10英里外的小镇上出售，以换取衣物及必要的调味品。除此之外，他还经常抽空到附近的村镇上宣传低碳的重要性。

如果仅仅是这样，只能说明杰·谢佛是一个值得尊敬的精神榜样，因为这种“隐居”毕竟很少有人会去效仿！但2008年初的一次经历，却改变了杰·谢佛的一生，也改变了他那曲高和寡、无欲无求，亦无所创造的纯低碳生活！

那天，杰·谢佛正在森林里的湖边捕鱼。他碰见了几位来自纽约的游客。他们的专业野炊炉不知道为什么坏了，坐在湖边对着带来的一大堆生食物，不知所措地发着呆。

杰·谢佛热情地把他们邀请到自己的小木屋，一边烧菜招待他们，一边不失时机地向他们讲解低碳理念。他们不仅被杰·谢佛的低碳生活所感动了，而且还在他的身上看到了一种更有质量的生活！特别是杰·谢佛的小木屋，更是让那几位郊游客赞叹不已。他们都开始在心里希望能拥有这样的一间小木屋！

在离开前，其中一位年纪略大些的游客对杰·谢佛说：“因为我们回城后要立刻开始工作，你能帮我们做几套小木屋吗？当然，我们会付给你相应的费用！”

杰·谢佛并未想过要从中赚钱，仅凭着他们那种对低碳生活的向往，杰·谢佛就有一种知音的感觉，于是很干脆地答应帮这个忙。他立即动手，用自己的工具在附近的树林里建造了3座与自己一样的小木屋。

3个月后，那几位郊游客重新回到了这里。当他们看到杰·谢佛为他们建造的小木屋时，都兴奋得跳了起来。出于感谢，他们付给了杰·谢佛一笔不菲的“购房款”！

虽然那几位游客没有像杰·谢佛那样长期定居于此，但从那以后，一到假期，他们就来到这里居住。为了体现低碳，他们甚至还放弃驾驶汽车，而是先乘地铁，再转乘公共汽车来到附近的小镇，然后步行一个多小时来到这里。

杰·谢佛隐隐感觉到，这可能是一条

既可以推广低碳生活，又可以创造财富的独特道路，于是抱着试试看的想法在纽约的《生活时报》上刊登了一则读者调查："你愿意在雅特里森林中拥有一座自己的小木屋，过低碳生活吗？"

低碳生活其实一直被广大美国民众所向往和追求，只是因为工作等缘故，一般人都不会真正地做到"避世隐居"。但假如真的能在森林里拥有一座自己的小木屋，在节假日去过几天低碳的假期，却是一个非常不错的选择！调查的结果很快出来：在300位参加投票的人之中，有98%的人都愿意在森林里拥有一座小木屋！

这样一来，杰·谢佛意识到自己的想法没有出错，于是拿出自己之前的全部存款，并向纽约政府贷了一些款，组建了一支独特的施工队伍，到森林里去建造小木屋。他把自己的这支队伍取名为"风滚草迷你房屋公司"。

杰·谢佛为了不与自己所提倡的低碳生活相违背，他不准工人们使用任何现代化的机器和设备，只用最原始的工具砍伐一些非常普通而且长速很快的树木，甚至有不少材料来自于因过于茂盛而影响树木更好地成长的树枝，而且一边砍伐，一边种植树苗。杰·谢佛的低碳木屋得到美国林业部的首肯，他们甚至为杰·谢佛提供了一些人力上的帮助。在建造过程中，杰·谢佛还为这些木屋在建筑和美学等方面制定了新的标准，坚持要把给自然界造成的负担降到最低，但在功能方面要达到高水平，并且抛弃所有不必要的附件。

半年后，近百座"风滚草迷你木屋"在森林里诞生了。为了节约材料，这些木屋的规格全部定为宽度2.5米、长3.5米。这些小木屋投向市场后，无数希望过上这种低碳生活的人，都纷纷前来购买这种"风滚草迷你木屋"。

那些购买木屋的顾客们纷纷表示，小木屋给自己的低碳生活方式带来非常积极的影响。它能够帮助人们改善健康，提升创造力，改善家庭关系，减少了物质需求和消费成本。有不少顾客还表示，当搬进迷你木屋后，发现自己变成了更加自由和快乐的人。最为重要的是，他们觉得在这座不用电、不用油的低碳木屋里多生活一天，地球的寿命就延长了一天！

100座木屋很快被抢购一空，首战告捷！杰·谢佛欣喜不已，在之后两年多时间里，他把自己的第一桶金用滚雪球的方式，先后把低碳木屋发展到了美国的加利福尼亚等地的森林和山区，掀起了一股前所未有的"低碳木屋热"。有许多退休后的老人，纷纷选择这些小木屋长期住了下来。这在为杰·谢佛带来了源源不断的财富的同时，更把他的"个人低碳生活"不断地推向"全民低碳生活"！

迄今为止，杰·谢佛已经先后在全美范围内卖出了近6000座低碳小木屋，所获利润更是远超千万美元，被《美国新时代》《纽约时报》等媒体誉为美国首位"低碳富翁"！

财商分析

在生活节奏越来越快的当代社会，人们容易感到身心疲惫，更希望回归到自然中喘息和调整。杰·谢佛正是掌握了这种心理，利用媒体进行问卷调查，而后贷款组建和经营公司，逐渐将森林木屋做成令人赞叹的事业。

财商借鉴

眼光+行动力=财富。

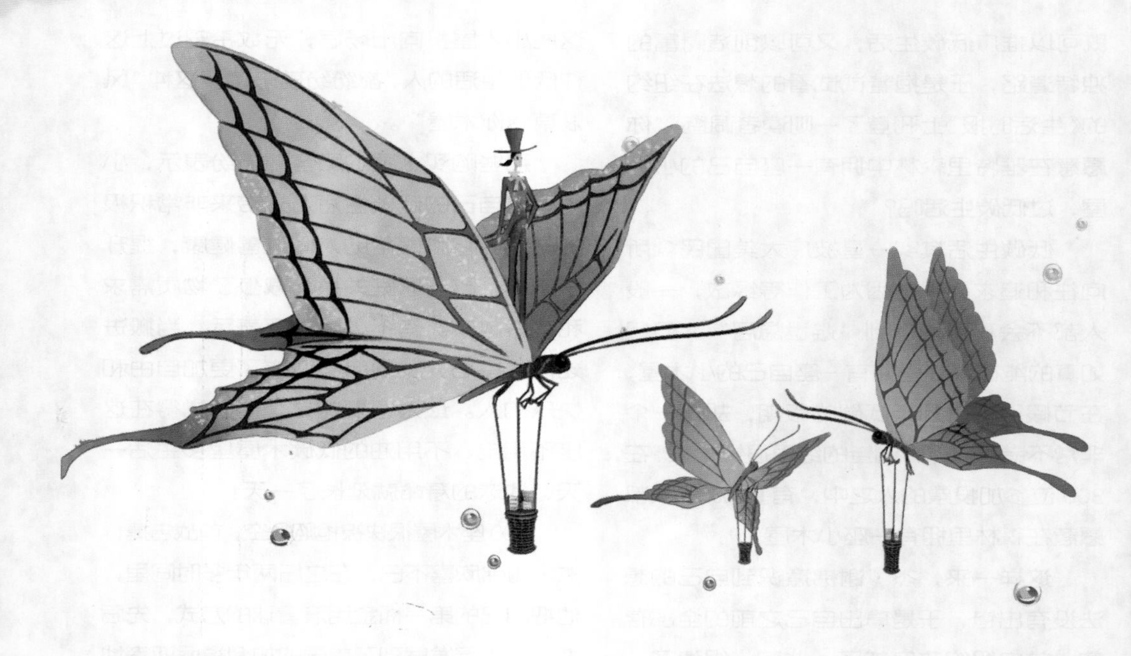

财商代表：**横石知二**
财商关键词：**资源性财富、创意、环保**
财商值：**80**

树叶堆积的财富

来源：《青年博览》　作者：石　兵

186 名平均年龄 68 岁的老太太，80 万片形态各异的树叶，相加的结果是一年 3 亿日元，相当于 2500 万人民币的营业利润。不要惊奇，这是发生在日本“彩株式会社”的真实一幕。虽然老人们都已步履蹒跚，但她们创造财富的速度却令许多年轻人汗颜不已。

“彩株式会社”位于四国德岛县上胜町。这里人口稀少，但却有 90％的森林覆盖率。上胜町人早年以种植柑橘为生，但在 1981 年，一场罕见的寒流把柑橘全部冻死，让他们唯一的产业化为乌有。当时的上胜町负责人横石知二非常沮丧，整日苦思上胜町农村产业的替代方案。

有一天，横石到餐厅里用餐，无意间听到邻座的客人不断讨论着装饰餐盘的绿叶。其中一位客人甚至小心翼翼地用手帕将叶子包好，兴高采烈地带回家收藏。这一幕让横石印象深刻，他想，广大的林地不就是老天爷给上胜町的赏赐吗？

横石决定把采集树叶作为上胜町下一个主要产业。他开始研究四季的花卉植物，

还动员那些每天都到树林里散步的老年人投身于树叶采集。很快，由于山里的树叶色泽鲜艳，受到了旅馆和餐厅的一致欢迎，“彩株式会社”应运而生了。

众所周知，讲究味觉与视觉的完美结合，是日本料理的精髓。在日本的高级餐厅里，当令的新鲜食材、古朴雅致的食器、装饰用的枫叶一个也不能少。大厨手中玩的是精致，食客口中吃的却是风景。

正是基于此，“彩株式会社”对于产品品质要求相当高，每片叶子都要精挑细选，被虫咬过的不要，有杂色斑点的也不要，对于形状、大小也非常讲究。老人们把捡来的这些东西用山谷里的溪水清洗，之后再依大小、种类分装，然后空运到日本各地的客户手中。她们还按照客户需求，提供“量身打造”的服务，例如替不同口感的糕点搭配专属的叶饰。此外，老人们也发挥创意，推出了不少新产品，例如：树叶制成的箸架、松木针叶制成的装饰盘等。

在营销方式上，这些老员工也非常现代化，老太太们早上起床后第一件事就是看公司传来的传真，看有没有自己可以提供的货品。如果有，立即打电话抢下订单，然后就到树林里按照订单捡拾。在外出工作时，她们都随身带着手机，以便公司随时联系。她们每天都上网查看公司当月的畅销产品，作为以后采集工作的参考，同时还会查看销售排行榜，了解自己的业绩状况。

曾经也有年轻人想从事捡拾树叶的工作，却因为缺少老人的耐心和细致而败下阵来。所以，会社里一直是清一色的老人。而正是这些古稀之年的老人，凭借着一枚枚美丽的叶子，创下了一个不大不小的奇迹。2011 年，“彩株式会社”的树叶已占据了全日本 70% 的高级餐厅，年收入达到了 3 亿日元，在老人中，最高的月收入更是达到了 222 万日元。

时至今日，尽管不断有老人离世，但那些美丽的叶子却仍在创造着历史。老人们通过这些美丽的叶子告诉我们，保护自然与发展经济并不矛盾，只要把握好市场机会，它们完全可以创造出更大的效益。

财商分析 横石将四国德岛县上胜町的资源进行重整，把老人这项人力资源和树叶这项森林资源完美结合，成功地创造出独特的“树叶”经济。找到自身的优势资源，并合理地运用这些优势资源，就能创造出巨额财富。

合理地利用资源，注意可持续发展，是通往财富的有效途径。**财商借鉴**

财商代表：**郭敬明**
财商关键词：**投资、管理、炒作**
财商值：**80**

从作家到商人，开启创富“小时代”

来源：《国际金融》　作者：彭洁云

在蜕变成为一个文化商人之前，郭敬明走的是偶像派作家之路。2003年，他的《幻城》一炮打响。该书从2003年1月底上市后至12月，累计销售84万册。很快，他被春风文艺出版社买断了大学期间所写作品的首发权。不满20岁的郭敬明，在文坛上身价百万。短短两年时间内，郭敬明出版了《幻城》《爱与痛的边缘》《左手倒影，右手年华》《梦里花落知多少》4部作品。

但很快，他已经不满足于仅仅靠自己个人的写作来获得名声与财富。文学期刊是比出书更赚钱的形式，他寻找到新的财富积累途径。

2004年，“岛”工作室试水。两年后，郭敬明在上海成立了“柯艾文化传播有限公司”并担任董事长。与此同时，他离开了春风文艺出版社，与长江文艺出版社展开紧密合作。用他的话来说，这次是真正“公司与公司之间的合作”，是“人生的一个新阶段”。

郭敬明公司的主打产品是《最小说》，一本青春文学系列刊物。除了为刊物撰写连载以集聚人气，郭敬明将更大的精力放在了推新人、创品牌上。

“我觉得他已经是一个符号。作为符号，只要亮出它，就有人买单。它一出现，就会有市场号召力。”制定作家富豪榜的吴怀尧说。

这种号召力，体现在了由他主编的期刊杂志《最小说》的销量上。目前，《最小说》售价12.8元，平均每月销量近100万册，远远超过了《人民文学》《当代》等主流文学杂志。7月25日上市的《人民文学》600期专号，因收入郭敬明的《小时代2.0之虚铜时代》而脱销了。而其标价99元的限量珍藏本，在淘宝网上的预售价竟然最高被炒到999元天价。这些天文数字，让你不得不信服，“郭敬明”牢牢地与“畅销书”挂钩。

围绕出版文化领域，郭敬明进行了极致的拓展。除了作家、主编、董事长，他还是出版社副社长、天娱公司的艺人。

2008年末，郭敬明签约天娱。在签约仪式上，天娱掌门人龙丹妮宣布郭敬明不仅是天娱的艺人，公司还为其特意量身定做了一个重要头衔：文字总监。有传言称，天娱即将投拍的一些电视剧，郭敬明都将参与编剧。郭敬明对进入新的圈钱领域毫不避讳：“我希望签约天娱以后能赚更多的钱！”

此后，郭敬明获长江出版集团聘任，

出任该集团北京图书中心副总编辑，薪资待遇与出版社社长一个级别，也是“80后”作家中担任出版社社长级别职务的第一人。

“当年，他一人拯救春风文艺。2008年，长江文艺出版社的图书销量达到了两个亿，而郭敬明个人的图书销量便占了一半。既然出版社已进入市场化运作，郭敬明适应市场的能力强，让市场选择他做副总编有何不可？”一位出版社人士的表态，让郭敬明的市场价值昭然若揭。

2008年5月，《纽约时报》以《中国流行小说家》为题报道郭敬明，称郭敬明是中国最成功的作家。文章一出，国内媒体哗然。该文章的作者在事后接受采访时说：“虽然郭敬明很孩子气，好像做过手术，改变了自己的相貌，而且用外表和身材宣传书，但他身上的确有令人欣赏之处。他办杂志、开公司，不顾别人的‘妖魔化’，坚持走自己的路。”

如今，郭敬明摇身一变，成了电影《小时代》的导演，将再次掀起吸金狂潮。郭敬明说：“我知道我不是一个很好的记录者，但我比任何人都喜欢回首自己来时的路。我不断地回首，伫足，然后时光扔下我轰轰烈烈地向前奔去。”

财商分析

郭敬明不满足于畅销书作家的身份，高调进军娱乐圈引起话题，将自身价值挖掘和包装至最大化。并且，他办杂志、开公司、做营销、拍电影，表现出卓越的投资能力、管理能力，甚至是炒作能力。这无疑是高财商的体现。

财商借鉴

追求更高的利润，最好围绕自己擅长的领域，进行拓展、投资和管理。

财商代表：**尼　克**
财商关键词：**坚持、兴趣**
财商值：**80**

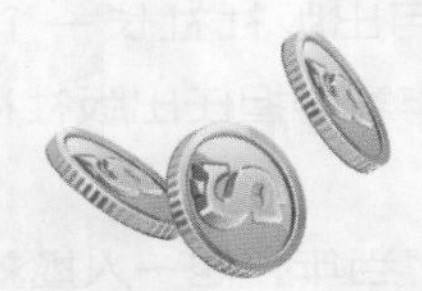

一个商人的第一笔交易

来源：《家庭（育儿）》　作者：李荷卿

1993 年秋天一个星期六的下午，我急匆匆地回到家，准备把我们院子里的一些必须做的工作处理掉。当我正在打扫院子里的落叶时，我那 5 岁的儿子尼克走过来，拉了拉我的裤腿，“爸爸，我需要你帮我写一个牌子。”他说。“现在不行，尼克，我正忙着呢。”我这样回答。“可是，我需要一个牌子。”他坚持说。“干什么用的牌子，尼克？”我问。“我打算把我的一些石头卖掉。”他回答。

尼克一直对石头很着迷，他自己从各处搜集了许多，此外，别人也送给他一些。在我们的车库里放着满满一篮子的石头，他定期为它们清洗、分类和重新堆放。它们是他的珍宝。“我现在没有时间，尼克，我必须把这些树叶打扫掉，”我说，“去找你的妈妈，让她帮助你。”

过了一会儿，尼克拿着一张纸回来了。在那张纸上，他用他那 5 岁孩子的笔迹写道：“今日出售石头，每块 1 美元。”他的妈妈帮他做好了牌子，他现在开始做生意了。他拿着他的牌子、一只小篮子和四块最好的石头，向我们的车道尽头走去。在那里，他把石头一字儿排开，把篮子放在它们的后面，自己则在地上坐下来。我从远处注视着他，关注事情的发展。

大约过了半个小时，没有一个人从那里经过。我走过车道，来到他面前，想看看他正在做什么。“怎么样，尼克？”我问。“很好。”他回答。“这个篮子是做什么用的？”我问。“放钱的。”他一本正经地回答。“你给石头定价多少？”“每块一美元。”尼克说。“尼克，没有人会愿意出一美元买一块石头的。”“不，有人愿意的！”“尼克，我们这条街道一点也不繁华，没有什么人从这里经过，你为什么不把这些东西收起来，去玩一会儿呢？”“不，有许多人从这里经过，爸爸。”他说，“人们在我们这条街道上散步，骑自行车锻炼，还有人开着他们的汽车到这里来看房子。这里有很多人。”

他一直耐心地坚守着自己的岗位。又过了一小会儿，一辆小型货车沿着街道驶过来。当尼克精神抖擞地把他的牌子举起来，使它正对着那辆小型货车的时候，我凝神注意观察着。当那辆小型货车从尼克面前慢慢经过的时候，我看见一对年轻夫妇正伸着脖子在看尼克的牌子上的字。他们继续沿着这条道路向前方的死胡同开去。不一会儿，他们原路折回来了。当他们再次从尼克身边经过的时候，车上的女士摇下了玻璃窗。我听不见他们的谈话，但我看到她转过头对那个开车的男人说了些什么，然后我看见那个男人伸手去拿他

的皮夹，并递给她 1 美元。她下了车，走到尼克面前，在对那些石头做了一番仔细观察和比较之后，她选中了其中的一块，递给尼克 1 美元，然后离开了。

我坐在院子里，看着尼克向我跑过来。我当时真的是被惊呆了，他手里挥舞着那张 1 美元的钞票，嘴里大声嚷着，“我告诉过你，我能把我的石头卖 1 美元一块吧——如果你对自己有充分的信心，你就能做到任何事情！”我走进屋子，拿出我的照相机，为尼克和他的牌子拍了一张照片。这个小家伙对自己有坚定的信心，并且乐于向我证明他能够做到。这在如何抚养孩子方面是一个很有意义的教训，而我们也都从中获得了很大的收益。直到现在，我们还经常谈论这件事。

财商分析 5 岁的尼克喜欢石头，并相信石头具有价值。当他决定把卖石头当作生意后，表现出非凡的坚持。即使连自己的父亲都强烈否定，他也绝不动摇，最终成功地获得了第一笔收入。孩子看似柔弱，对其感兴趣的事物却有成人没有的纯真和坚持，往往能成就出人意料的事。

兴趣是获取财富最大的动力。**财商借鉴**

财商代表：**希尔顿**
财商关键词：**勤劳、持之以恒、坚韧**
财商值：**85**

希尔顿的旅馆帝国

来源：《酒店之王》　作者：丁　丁

童年的磨练

唐纳德·希尔顿的成功，幸运所占的成分很少，除了天赋的才能之外，早期生活的磨练是主要因素。他真正的艰苦生活，是从20岁开始的。父亲老希尔顿在1907年经济不景气的情况之下，被迫结束了他的皮货等生意，举家搬到一个小镇上去，开了一家只有5个房间的旅馆，招待过路的客商。

在父亲的这家小旅馆中，希尔顿的主要工作是到火车站去接客人。听起来这好像是个很轻松的工作，实际上却是苦不堪言。这个小车站每天只有3班车，但安排的时间却好像存心整他似的，一班在中午，一班在午夜，另一班则在凌晨3点。

"在寒冷的冬天，一夜之间从被窝里爬起来两次，冒着刺骨的冷风到车站去等客人，这种痛苦的滋味，在我的心灵上留下永难忘怀的烙印。"希尔顿后来坦白地说，"当时我对旅馆生意产生了很恶劣的印象。"除了接火车之外，他还要做其他杂务工作，如照顾客人吃饭，替客人喂马洗车等，从早上8点钟开始，一直要工作到晚上6点。这样一来，每天的睡眠当然不够。夜间两次去接火车，都要别人叫半天他才起得来。有时他父亲发脾气了，会大吼一声："唐纳德……"把店里的客人都惊醒了。

有一年冬天的夜里，希尔顿拖着疲乏的身子去接火车，在路上走着走着就睡着了，竟迷迷糊糊掉到了小桥下面。幸亏水不深，只湿了裤管和靴子，但被风一吹，他冷得像冰裹在身上一样难受。但他没有回家，还是照常去接凌晨3点的车。正是对于痛苦的这种体验，使得他在后来创业的日子里，能够经受住更大的失败和挫折。

第一艘船意外出航

1919年，希尔顿来到了当时因发现石油而兴盛的德克萨斯州，那里云集着大批来发石油财的冒险家。

德州似乎遍地都是黄金。钻油的工人穿着皮靴，套着金光闪闪的裤子，好像不久的将来，他们都将是百万富翁。一心想当银行家的希尔顿，怀揣着父亲留下的一小笔遗产，迫不及待地连续跑了两个城镇，问了十几家银行，但没有一家愿意出手。他碰了一鼻子灰，却并未因此气馁，他又来到第三个城镇——锡斯科。

锡斯科这片热情的土地拥抱了希尔顿。他刚下火车，走进当地第一家银行，一问，就被告知它正待出售。卖家不住这儿，要价是7.5万美元。希尔顿一阵狂喜：价格公道！他立即给卖家发了份电报，愿按其要价买进这家银行。

然而，卖家却在回电中出尔反尔，将售价涨至8万美元，而且不准还价。希尔顿气得火冒三丈，当即决定彻底放弃当银

行家的念头。他后来回忆道："就这样，那封回电改变了我一生的命运。"

在碰壁之后，希尔顿余怒未消地来到马路对面一家名为"莫布利"的旅馆，准备投宿。谁知旅馆门厅里的人群就像沙丁鱼似的，争着往柜台挤。他好不容易挤到柜台前，服务员却把登记簿"啪"地一合，高声喊道："客满了！"

接着，一个板着脸的先生开始清理客厅，驱赶人群。希尔顿憋了一肚子气，忽然灵机一动地问："你是这家旅馆的主人吗？"对方看了他一眼，随即诉起苦来："是的。我陷在这里不能自拔了。我赚不到什么钱，还不如抽资金到油田去赚更多的钱。任何人出5万美元，今晚就可以拥有这儿的一切，包括我的床。"旅店老板似乎下定了卖店的决心。

3个小时后，希尔顿已仔细查阅了莫布利旅馆的账簿，经过一番讨价还价，卖家最后同意以4万美元的价格出售。希尔顿立即四处筹借现金，终于在一星期期限截止前几分钟，将钱全部送到。从此，莫布利旅馆易了主，希尔顿干起了旅馆业。他立刻给母亲打电报报喜："新世界已经找到，锡斯科可谓水深港阔，第一艘大船已在此下水。"

为梦想而奔忙

经营旅店业，从无到有，从小到大，直至最后成功，希尔顿并不是一帆风顺的。他经历过难以想象的困难，特别是二十世纪二十年代。

那段日子里，美国的经济进入恐慌时期，旅店业生意萧条。尽管希尔顿"长袖善舞"，他旗下的八家旅店保全了五家，但他还是陷入了困境。他欠一家家具公司的10万美元到期要还了，可他手头还缺很小一部分钱，一时无法还清这笔欠款。家具公司将他告到法庭。法庭的代表来到德克萨斯州达拉斯希尔顿大酒店，要把一张判决书钉在这座华丽酒店走廊的墙壁上。墙壁是大理石的，判决书最后没有钉成，但希尔顿欠款受罚的消息却很快传遍了各地。

在一个天气阴沉的日子里，达拉斯希尔顿大酒店的一名服务员走到他身边，塞给他300美元的钞票，低声说："这是伙食费。"这恰似雪中送炭，因为他的老板已是饥肠辘辘了……

由于希尔顿具有顽强的意志和坚强的信心，酒店生意艰难地维持了下来。熬过30年代的大萧条，终于等来了好时候，罗斯福总统的新政给垂危之中的美国经济注入了一支强心剂。"全国复兴法案"颁布之后，希尔顿终于站稳脚跟。

经过几十年的奋斗，在希尔顿的创业史上，留下了这些数字：1921年拥有3家小型旅店；1963年为61家，共34000个房间，分布在全世界；现在，发展到了210家。

希尔顿到了晚年，仍然马不停蹄地为实现他的梦想而奔忙。1979年，这位92岁的旅馆大王病逝于美国加州圣摩尼卡。他所创建的希尔顿旅馆帝国，由次子巴伦继承，并进一步地发展着。

财商分析

希尔顿从小就在父亲的旅馆工作，寒冬顶着冷风去车站接客人，成年后，他更是马不停蹄地经营和兼并酒店。勤奋的工作和坚韧的性格，是他建立酒店帝国的基石，也是他获得巨额财富的保障。

财商借鉴

事业蓝图需要靠勤奋开拓。

财商代表：唐家三少
财商关键词：勤奋
财商值：90

唐家三少："写作机器"的码字生涯

来源：《贵阳晚报》　作者：常元珠等

唐家三少，网络小说红人，有"玄幻小掌门"之称。原名张威，生于1981年1月10日，具有摩羯座的一切典型特征。他是个有超强耐力的工作狂，行事追求稳健，喜欢有品质的生活，作品有《光之子》《狂神》《善良的死神》《惟我独仙》《冰火魔厨》《琴帝》《斗罗大陆》《酒神》《神印王座》等。

除了写作，他没有什么其他爱好，只是偶尔约朋友喝酒，每周带妻子到城里去逛一次街，看看电影。他每年会有两个月在外地度过，但这通常是作者的聚会，或者为新书进行相应的推广活动。最近两年，他开始追求有品质的生活，收藏名表、红木等奢侈品。他有2块劳力士，1块百达翡丽。而他最喜欢的3块雅典系列的天文表，则是请朋友从瑞士拍卖行以130万元的高价拍得的，为此他特别从香港定制了八只专业表盒；他在书房里放置昂贵的红木椅子，换上苹果的超宽屏电脑；他甚至收藏了几把上好的唐刀汉剑。挥起8斤重的龙泉宝剑，可以让他沉浸在自我编造的侠客世界里。唐家三少戏谑地说自己是"年光族"，只有花光了才能给自己继续努力赚钱的动力，这也是他能一直坚持写作的原因之一。从个人感情角度来说，这是他严谨生活状态下的宣泄方式。

事实上，唐家三少远不会成为"年光族"，他现在每年因各种版权授权获得的收入就有将近1000万元。作为业内稿酬最高的4个网络作者之一，起点每年给他的保底酬劳就有约600万元。对于唐家三少来说，写作以来他一直没有太大的收入压力。他从18岁高中毕业后开始工作，离开央视国际网站后曾经在自己母亲开的公司里挂职，清闲的生活让他有时间尝试写小说。结果出人意料，《光之子》在幻剑书盟连载后读者反应热烈，他也就一直写了下去。到2005年，他每月给台湾出版机构写小说，月收入已超过万元。他与妻子的相遇是当时最流行的网恋，网络上的传说是这段恋爱让他每周都写一封万字情书给爱人，仅情书就多达100多万字。两人结婚的时候，对方的家庭能接受三少以网络作家作为职业，因为那时候他已成为起点中文网的白金作家，赚的钱远比普通白领要多。压力最大的时候是2005年，因为要在北京结婚买房。这让他加快写作速度，一年就写了3本长篇小说。之后速度又开始放缓，与起点签约买断的方式可以保证家庭的收入稳定，每天保持6000到10000字的更新的从容写作状态，让他很享受。

前不久，三少给自己算了一笔账，从2004年2月写书到现在，他已经写了2430万字左右。“八年，平均每年300万字。到今年6月，我就连续一百个月不‘断更’了。”说起当作家的感受，唐家三少颇为骄傲。

“还记得以前别人问我‘最近在忙什么？’我百分百回答‘忙着写书’，如今依旧。记得我曾经一天最多时写过4万字吧，但那似乎是很久以前的事了，现在年纪大了，平均每天就写个七八千字。”被网友称为“码神”的三少，打字速度可谓达到了“大神”的级别，而每年可以消耗4个键盘的事实，也足以证明三少的高产。“作为一个网络作家，我在任何情况下都能不断更新，带老婆产检时我也带着电脑，能写几千字，老婆生孩子陪床的时候，她睡觉我也在写作，坐飞机在写，坐火车也在写，发烧到40度，退烧当晚还能写个6000字。”此外，三少还有一套犹如军训表似的作息时间。“8:00起床，洗漱、早饭；9:00码字，10:40出门晒太阳、快走3~5公里；12:00午饭；13:00午睡；14:30起床码字；16:30器械锻炼；17:30陪孩子；18:30吃饭；19:30码字、修改、校对；21:00或22:00开始放松休息，23:00上床睡觉。规律但却枯燥的生活，是长期高产创作所必须的。”三少颇为骄傲地说。

随着近期网络文学作品改编的电视剧热播，网络文学作家群体也开始被大众认可。去年，茅盾文学奖首次把网络文学作品纳入评奖范围，而作为首个加入中国作协的网络作家，三少还被列入了第八届中国作协全国委员会委员名单。“去年是网络文学高度发展的一年，几乎所有作者的收入都翻倍了。今后我会继续写下去，寻找仗剑挟酒江湖行的感觉，至少40岁之前是这样。因为，写作已成为我的一种习惯，不写会全身不舒服的。”三少笑着说。

财商分析

2012年作家首富唐家三少的千万身家，可以用“码神”来解释。光速每秒30万公里，唐家三少的创作速度是每月30万字。正是在这样的勤奋创作下，他的稿费从最初的每千字18元，逐步提升至每千字70元，再涨到180元，再涨到200多元……直至成为收入最高的网络作家。

财商借鉴

灵感不是借口，勤奋才是王道。

财商代表：**严　彬**
财商关键词：**勤奋、刻苦**
财商值：**90**

“红牛”创始人严彬的第一桶金

来源：《名人传记（财富人物）》　作者：宗　诃

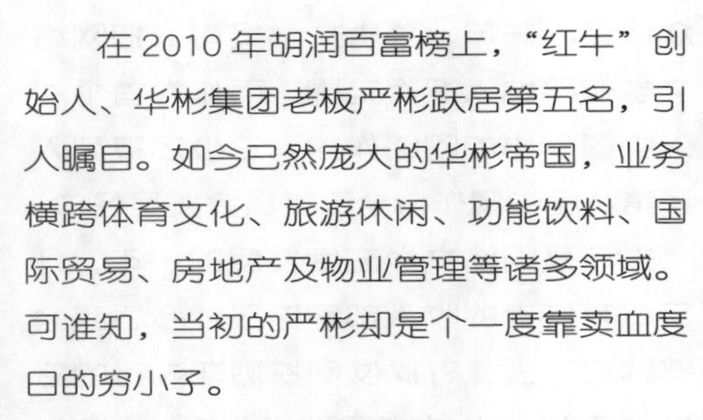

在2010年胡润百富榜上，“红牛”创始人、华彬集团老板严彬跃居第五名，引人瞩目。如今已然庞大的华彬帝国，业务横跨体育文化、旅游休闲、功能饮料、国际贸易、房地产及物业管理等诸多领域。可谁知，当初的严彬却是个一度靠卖血度日的穷小子。

在北京八达岭长城脚下，有一处不为外人所知的华彬庄园。庄园里建有外形和美国白宫极为相似的“白宫酒店”，酒店外停放的多是凯迪拉克、宾利、劳斯莱斯这样的顶级名车。从建筑风格到服务内容，整座庄园带有浓重的皇室特色。能进入庄园的也不是一般人，注册成为会员至少需要10万美元的资金。可以说，华彬庄园是社会名流、富贾巨商的聚会场所，甚至连美国前总统克林顿这样的国外知名政要，也曾在庄园内的高尔夫场上挥上一杆。

这所豪华庄园的主人，正是近年来各种富豪榜单上的常客、2010年跻身胡润百富榜第五名的华彬国际集团和红牛集团董事局主席严彬。

很少有人知道，如今的商界大亨，在年轻时也经历过不少辛酸。1954年，严彬出生于山东一个贫穷的家庭。16岁初中毕业后，作为那个年代必须上山下乡的知识青年，他来到河南省林县插队。在这个与山西交界的极贫困地区，他干了整整一年，只得了92元钱。这一年里，他没见过几眼白面，天天吃的都是红薯。

正是因为穷怕了，所以他选择去泰国寻找新的生路。

初到泰国，身上没钱，没饭吃，严彬曾卖血度日。所以，当找到一个肯收留他打工的老板时，老板问他要多少工钱，他的回答很简单：管饭。与严彬一起在唐人街打工的学徒中，还有两个来自昆明的中国人。他们俩都吃得特别多，而身为北方人的严彬，比那两个南方人更能吃。老板娘不高兴了，说：北方佬吃得真多！于是，他只好每顿只吃一碗饭，然后自己拿工资去买米，煮熟后用酱油拌着吃。

打工期间，严彬特别勤快。别的学徒都是睡到8点钟才磨磨蹭蹭地起床，而他5点钟就起来打扫院子，做好工前的准备工作。结果，不到两个月，他就被老板任命为经理。

后来，经过很多年的艰辛打拼，严彬慢慢完成了自己的原始资金积累。1984年，

他在泰国创办了华彬国际集团，主要经营物业、旅游、国际贸易等业务。

成功后的严彬说："每个成功人士的第一桶金都是最艰苦的。我真正的第一桶金来自于1989年的房地产项目。当时，很多人都拥向曼谷，想介入这个项目。我在曼谷有一个华彬大厦，在市中心，26层楼，当年我就是靠投资房地产赚了那一栋楼。现在，那座大楼还在曼谷的市中心，虽然装修老了一点，但是历史的见证。"

华彬大厦位于曼谷市中心素坤逸路6巷，商业地理位置相当于北京的西单，共有两幢大楼，租住着300余家公司。大厦左边8米处是五星级的索菲特酒店，右边10米处是四星级的王朝酒店，后面5米处是准五星级国际公寓奥米尼大厦，前面则是一座铁门紧闭的城堡式富豪私家花园别墅。在大厦方圆200米的范围内，还分布着著名的万豪酒店和喜来登酒店等。与这些建筑相比，华彬大厦在泰国房地产界的档次并不高：房屋老化、设施陈旧、保安不严……但就在这座大厦内，严彬设立了在曼谷的主体办事机构，包括红牛维他命饮料泰国有限公司、华彬公寓管理公司等。

财商分析

年轻时的严彬，在资历、学历、财力上没有丝毫优势。他从一群学徒工中脱颖而出，靠的是比别人早起3个小时开始工作。正是这领先的3个小时，逐渐让他领先其他人成为亿万富翁。

智商借鉴

穷则变，变则通，白手起家必定要勤奋。

财商代表：**职业差评师**
财商关键词：**道德、规则、法律、创意**
财商值：**20**

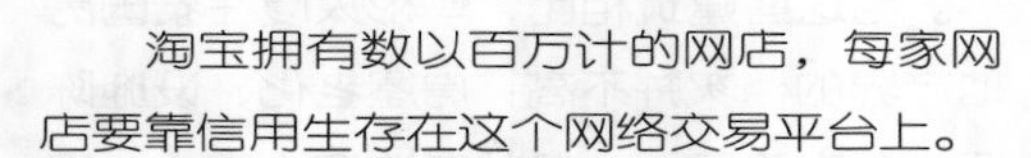

靠说店家坏话挣钱的职业差评师

来源：《新京报》　作者：甘　浩　石明磊

淘宝拥有数以百万计的网店，每家网店要靠信用生存在这个网络交易平台上。

"不出十天，我们能让一家经营一年的网店倒闭，当然也能让一家饱受差评的商家看上去很美。"多名职业差评师说，这一切都可以靠钱来解决。

职业差评师，成为一些淘宝商家最为头痛的字眼。

这个新职业产生于近两年，他们针对淘宝对网店的信用评价体系，利用交易规则中的漏洞，以"差评"敲诈卖家，少则几元，多则数百。

"这是法律和淘宝规则的监管空白地带。"差评师们说，只要脸皮够厚，心够狠，钞票就会不断流入腰包。他们甚至充当网商打手，搞垮竞争对手。

天色已暗下来，电脑上的阿里旺旺窗口不断闪烁。

"3分钟拍下28件！"黄恩差点儿喊出来，开淘宝网店近一年，生意从未这么火过。

他所经营的电阻、电容等元件，竟然在儿童节这天成为热销商品。

但好心情很快消退，浏览过买家信息后，黄恩发现，拍下这28件商品的是6个不同买家，邮寄地址分散在全国各地。更离谱的是，其中两个收货点，是天安门广场和前门。收件人姓名也不真实，比如其中一人名为"庆庆庆"。另一名留着贵州手机号码的网友，要求将商品发货至台湾。买家留下的地址，或许永远无法找到收件人。

发货还是不发？黄恩陷入两难。

不发货或是取消交易，可能遭到投诉，并被淘宝网处罚。而向这些个人信息不详的买家发货，非但对方收不到货，还会赔上邮费。

黄恩的淘宝网店页面标注有"卖家承担运费"。他坦言，这些几元钱的小元件，店里一般10件以上包邮，"如果不够数量就包邮，会让我赔本。"以往遇到这种情况，黄恩会通过阿里旺旺与买家沟通，"多数买家都会理解，补交运费。"

但这次，自称买家的网友留下QQ号码，"我不会用阿里旺旺，想找我解释就加这个QQ号。"

打开QQ，黄恩发现，自己把这件事想简单了。

"我们是差评师，那28件商品都是我们买的。"网名为"大眼睛"的买家开门见山，"每件货赔弟兄们15块茶水钱，我们就申请退货退款，否则就向淘宝网投诉你不发货，给你差评。"

"差评"是最让网店商家害怕的两个字。在用信用评价体系搭建的淘宝网络交易平台上，买家可对每一笔交易进行评价，若获得好评，网店诚信度越高，光顾的网

友也会随之增多；每获得一次差评，网店会被淘宝网扣除 1 分。

28 个差评，对辛苦一年才积攒 700 多分的小网店来说，“损失难以估量”。

同样苦恼的还有淘宝店主姗姗。

6 月 13 日，淘宝一家手机店店主姗姗遭遇差评师，7 件手机贴膜被逐一订购。事实上，贴膜只是买手机才有的优惠销售，但买家也可以只买手机不买贴膜，所以网店开辟贴膜的单独页面，“这个价格单买贴膜再包邮费，得赔死。”姗姗说。

姗姗和单独订购贴膜的买家解释，对方称是职业差评师团伙，想取消交易，必须汇款 140 元，否则将以不发货为由进行投诉。

“我听说过差评师敲诈，打电话时特意录了音。”姗姗说，随后她联系淘宝客服，得到的回复是“必须先发货，而且电话录音无法作为证据”。

按淘宝网规定，除阿里旺旺聊天软件外，其他通过短信、QQ 等方式获得的聊天记录，均无法作为申诉证据。姗姗等淘宝网店店主称，差评师就是利用这个规则漏洞，绝不在阿里旺旺上留下索要钱物的证据。

黄恩则认为，即使买家所留收货地址不全、不详，淘宝网也要求商家必须先发货的规定，与《邮政法》中“用户交寄邮件，应当清楚并准确地填写收件人姓名、地址和邮政编码”之规定相悖。

同时，他认为淘宝网的信用评价体系本是买卖双方互评，商家信用低难卖货，买家信用低，在购买时也应受到限制和约束。但就目前而言，淘宝网只要求网店经营者需实名注册、缴保证金等，规范、严格，买家却能随意注册账号，门槛极低。

“这使得很多差评师注册有数十个普通账号，即使被商家投诉和给予差评，换个账号接着做。”黄恩说。同时，差评师的敲诈每笔不多，达不到警方“单次涉案 1000 元”的立案标准。

“10 元、20 元不嫌少，300、500 不嫌多，但你要相信，差评师要钱绝不会超过 1000。”在百度贴吧，一名差评师如是说。

幸而差评师的黄金时代已经结束——

如今，淘宝网成立了专门的调查小组，通过接受投诉举报、异常行为分析、卧底调查等手段，掌握了大量“恶意差评师”的作案证据和相关信息，并将这些线索递交给警方。2012 年，杭州破获全国首例恶意差评师案，七名淘宝恶意差评师被抓坐牢。其中，生于 1988 年的安徽人小杨，初中毕业后开了一个淘宝小店，后来兼职做淘宝上的“刷信誉师”，进而又误入了“恶意差评师”的歧途；而另一名被抓的杨某则表示，自己之所以会做“恶意差评师”这行，是以为网上作案既隐秘又安全，却没料到警方发现罪证这么容易：因为淘宝上的每一笔交易，都有详细的信息记录。

财商分析

网络职业差评师中有不少人是失败的网店店主，他们也曾进货、打包、贩卖、售后……经历了辛苦又贫困的创业期，发现买东西给差评能让其他店主掏钱后，便迷上这种刺激又轻松的挣钱方式。他们以为自己只是在钻网络交易的空子，却不知其行为已经触碰了道德和法律的底线。

财商借鉴

君子爱财，取之有道，绝不能越过道德和法律的底线。

财商代表：**张坤山**
财商关键词：**中奖、沉迷、缺乏理性**
财商值：**30**

百万富翁与彩票的"孽缘"

来源：《现代快报》 作者：陈莹简 陈泓江

平生第一次买彩票就中得74万元大奖，飞来钱财让他分不清什么是梦境，什么是现实。连续守候，却与500万元大奖失之交臂，从此，深陷其中的百万富翁与彩票结下"孽缘"，最终落得众叛亲离……

头次买彩票中奖74万

张坤山凭着苦干精神和聪明头脑，在十年前就积累了百万财富，将自己的企业经营得有声有色。

2006年5月6日，张坤山在买鸡蛋回家的路上经过一家彩票点，此时口袋里正好有一些零钱，于是他便随机买了一组。在此之前，他从没买过彩票。"第一次买彩票没什么经验，我也没有认真地去挑号，买完之后将彩票往兜里一揣就走了。"张坤山回忆说。过了几天，当他再次路过那个彩票点时，才突然想起彩票还没有对号，便拿出来让人帮忙看看。岂料，这一对，竟对出个二等奖。

"那个二等奖奖金是74万。我做梦也没有想到，第一次买彩票，便中了个二等奖。"张坤山当时特别兴奋，凌晨三点便爬起来开车去南京领奖。拿到奖金后，他不止一次地想，自己的好运气来了。同时，他还有一种强烈的预感："我还会中更大的奖。"

从那以后，每期彩票他都买，他每天的功课就是收集有关的资料，进行研究，寻找规律。每次少则两三千元，多则两三万元。短短半年时间，张坤山就把中奖得来的74万元全部用于买彩票了。

与500万大奖擦肩而过后变本加厉

奖金全部花光后，张坤山不敢将真相告诉家人。不过他并不甘心，一心想把失去的钱赢回来。张坤山脑子里总有个坚定的信念：自己肯定会中大奖的。为了继续买彩票，张坤山开始向身边的人借钱。随着时间的推移，他愈陷愈深，不知不觉已经花掉了200多万。也就是在这一段时间，幸运女神跟张坤山开了一个不小的玩笑。

"总是不中奖，我就想改变策略，专门守号。"张坤山称，他根据自己的车牌号、生日等选了一组号码，守着这个号买。可是，连续守了25天也没守到。直到第26天，张坤山的朋友喊他到太仓吃饭，所以他那天没有买彩票，可那天的500万大奖开的正好是他一直守的号。和500万擦肩而过后，他更加坚定了买彩票的决心。"那时候我实在太疯狂了，沙溪镇所有的彩票点，没有人不认识我。"

无力偿还信用卡欲投江自杀

2006年12月，正当张坤山为自己的200多万欠款发愁时，一个转机出现

了。他的工厂恰遇政府拆迁，2100 平方米的厂房面积，共计获得 550 万元的拆迁补偿。

“拿到钱后，我就把之前的欠款都还上了。剩下的钱打算干点正经生意，没想到遇到金融危机，几次投资都不怎么成功。”张坤山称，2007 年，他在朋友的推荐下买了十万股中国银行的股票，谁知这次投资让他亏了四十几万。“买股票亏了后，我就想能不能在彩票上再搏一搏。”张坤山称，后来他把剩下的钱也全花在了彩票上。

然而，现实是残酷的，几百万的投入换来的是一张张废纸。据张坤山讲，自己曾经购买的彩票可以装满两麻袋。其中有一张彩票，单张投注额高达 150 万元，可最终连 5 元钱都没中到。

张坤山凭借自己的投注额大，向昆山彩票点的老板索要了 3 万多元的返点费。之后，他就靠这 3 万多元钱和信用卡上的钱生活。最终，张坤山连信用卡上欠的钱也无力偿还了。

纸包不住火，张坤山的家人最终得知了真相。面对妻儿的离去，老父亲的无奈，张坤山数了数钱夹里仅剩的 280 元钱，做好了去上海跳黄浦江的准备，后来被好友劝了下来。

2008 年 7 月，张坤山踏上了逃亡之路，最后在海口市的一个小渔村落脚。其间，张坤山只能靠朋友的接济度日。可就是这样，他还将每天的伙食费控制在 3 元钱以内，把剩下的钱全部用于购买彩票。民警抓到他的那天，他一无所有，除了衣服口袋里的几百张彩票。

财商分析 彩票和股票可以作为投资，却不能作为营生手段。《世界新闻报》曾经报道过这样一件事：英国男子麦基·卡罗尔 2002 年买彩票中了 970 万英镑的乐透大奖，从一贫如洗的垃圾工变成了千万富翁。然而中大奖后，麦基挥霍无度地购买豪宅名车、吸毒、嫖娼和赌博，在短短 7 年中败光了 970 万英镑，妻子女儿双双弃他而去，他不得不靠每月 42 英镑的救济金生活。这跟张坤山的经历可以说是殊途同归。

财商借鉴 指望靠中奖大发横财的人，不管能不能如愿，最后都难逃坐吃山空的下场。

财商代表：**席小洁**
财商关键词：**理性、法律**
财商值：**40**

折翼天使——我和传销的故事

来源：《中国工商报》　作者：郝成林

在开始提笔的时候，我心里真不知道是什么感觉。有庆幸，也有失落；有同情，也有痛苦，但更多的还是醒悟！我想，有这种经历的人不会只有我。所以，我想把我的感触写出来，警示人们远离传销。

初恋情人打来的电话

2004年，大学毕业后，我东挪西借，开了一家书店，日子虽不富裕，但波澜不惊。

我记得很清楚：10月17日上午，我像往常一样，打开书店的门，开始整理登记。这时，电话响了。我拿起电话，那边传来了一个甜美的女音："你好吗？天强。"

竟然是我的初恋情人席小洁的声音。电话那边，她的声音很伤感："我以为自己能淡忘一切，可有些东西越想忘记就越清晰。我以为我们从此不会再相见，你能给我一个说对不起的机会吗？"

在电话里，她告诉我，她和那个男人感情不和，已经离婚，自己在山东开了一家贸易公司，生意蛮好。公司现在急需要招两名业务经理，年薪10万元，还有提成和分红，问我愿不愿意干。

听完电话，我就愣在那里了。没有想到，她十年后第一个电话竟是这样的内容。其实，我的书店生意还可以，我并没有考虑去发展别的业务。

她似乎猜透了我的心思，接着说道："这个年代，人们最大的转变不是物质上的转变，而是观念上的转变。想发财，靠你那个小小的书店根本是不可能的。再说，我找你也是给你机会，因为你是我最觉得歉疚的人。你不至于让我失望吧。"

话都说到了这个份上，我只好说："那好，我明天就过去看看。"

第二天，我就以很低的价钱把书店转让了。然后，我踏上了北去的列车。

与传销"亲密接触"

经过18个小时的艰辛旅途，我终于来到了她所在的青岛，那个美丽的海滨城市。

一下火车，我就看到了前来接我的小洁。她依然美丽动人。几年不见，许多话都不知道从何谈起。出乎我意料的是，随同她来接我的居然还有几个不认识的人，但他们就像我的兄弟姐妹一样，没任何距离地跟我嘘寒问暖，显得特别亲热。

见这么多人接自己，我显得很不习惯，私下里问她是怎么回事？她没有正面回答我，只说了句"到明天你就都知道了"。

很快，我们一行人坐上出租车，七拐八弯地到了她说的公司。可呈现在我眼前的却是一排红砖平房，房身已破旧不堪，很明显是当地人淘汰不用的出租屋。

我正在疑惑，小洁旁边那个人称“胡总”的男人拍拍我的肩膀说：“刚创业，起步艰难，以后会好起来的。你先去休息一下，明天接受公司的培训。”说着，就让人带我进了最里面的一间房。

一切就如同《包身工》里描写的那样：不足10平方的房间，十多个人拥挤地住在地铺上，屋内脚臭、体臭让人很难忍受。

终于到了吃饭的时候，我当时就傻眼了：10多个人围在一起，只有两盆菜，一个是腌白菜，一个是素炒萝卜丝。不过，其他人吃得很开心，又是说笑话，又是讲故事，还做游戏，吃完饭还有抢着收拾的。

第二天，天还没亮，就有人来叫我起床去听课。

听课的地方是跟我住处相连的一个大房子。我进去的时候，里面已经坐满了和我年纪相仿的人。讲课的就是那个“胡总”。

他讲课的口才太好了，简直就是“脱口而出，口若悬河”。从商业发展、计划经济讲到了网络营销，后来又讲起了公司的制度。他告诉我们，这是某药厂推行的合法销售网络，目的就是想把巨额的广告宣传费用花在销售网络上。只要我们努力工作，多发展下线，形成庞大的销售网络，再收取药品费用，就可以成为“业务主任”“业务经理”，甚至“业务总监”。到那时，月薪100多万元也是很正常的事。目前还只是发展会员网络时期，开始收取费用时就可以见到真切的巨额效益了。

同时，他给我们宣布了严格的纪律：不许随意打听别人的情况，不许跟外面的人交流内部销售秘密，更不许独自外出，否则将受到严厉的身体处罚。

接着，他还反复说明：这种销售方式是合理合法的，早就得到了当地公安、工商等部门的许可，而且公司的业务总监还经常跟当地的公安局长喝酒呢。

听完了这堂足足有3个多小时的课，我总算明白了小洁所谓的贸易公司，其实就是变相的传销，虽然它被冠以“加盟连锁”之名。

当时，我的心一阵悸痛。我用来开书店的钱，是父母东挪西凑借来的，而且考上高中的妹妹也因此而放弃上学，他们都把希望寄托在了我的身上。想到这里，我真的很后悔自己轻信他人。这是我第一次受骗，也是最让我刻骨铭心的一次受骗！

后来，我才明白，小洁是总部的讲师之一，她撒谎叫我过来是“邀约”，现在的环节是“洗脑上课”。

我找到她，告诉她我不想做这个。然后，我就质问她，为什么要骗我？

她表情很奇怪地看着我：“我没有骗你。我这不是想给你找一条发财的捷径吗？你不要急，先听几堂课再做决定。到时候，你愿意就留下来，不愿意就走，我们不会强留你的。”望着她的眼睛，我知道，我心目中清纯无比的小洁已经不复存在了。

铺满鲜花的陷阱

在听课洗脑的几天里，我发现，在这里，有很多刚毕业的大学生。我们班一个姓余的同学也在，据说也是被小洁发展来的。

交谈中，我发现许多人对在这里可以发大财的观念已经深信不疑。课一直由“胡

总”和几个人在讲。他说他由普通传销员、高级传销员、主任传销员、钻石传销员，到现在成为总裁，月收入已经超过20万元。接下来又有几位成功人士上台现身说法，将大家煽动得热血沸腾，仿佛别墅、汽车就在眼前。他们每天心里想的就是如何找来更多的下线，经常给老家的亲朋好友打些哄骗的电话。同时我还发现，在这里做着发财梦的，基本上都是被亲友以发财的谎言相互找来的，有很多是儿子找来父亲、妻子找来丈夫、哥哥找来弟弟。队伍只用了3天，就从20人发展到了80多人。跟我睡在一起的一名60岁的四川人告诉我，他就是被他儿子哄过来的。当时，他真想把儿子打一顿。但通过几天的听课，现在还很高兴儿子把自己也喊来一起发财，真是“肥水不流外人田啊”。

按照“胡总”的要求，大家相互间显得特别“友爱”，早晨起来相互握手问好，见面相互拥抱，嘘寒问暖。每天早晨，他们统一上完晨课后，齐声高呼：“我会成功，我要发财，传销我爱你”，然后精神抖擞地开始一天的传销工作：或打电话，或登门拜访，或设计拉下线的方案……

但是，他们对新来的都严密看守，绝对不允许私自外出，上厕所还得有人陪着。而且那出租房屋的周围都是高层建筑，大门长期锁着，还有专门的人看守，想出门自然不容易。

随后几天，我又听了几堂课。无论这些课把这个“加盟连锁”说得如何冠冕堂皇，什么一月几十万、上百万，我都清楚地知道，这是违法的，所以坚决不做。

见我始终不“开窍”，“胡总”的脸色突然就沉了下来，派了几个人来监视我，并毫不客气地说：“你现在已经知道这里的秘密了，除非你加入才能离开，不然休想出这个门。”

我的心一凉，才知道自己已经落入陷阱了。

接下来的几天，一直有人来找我谈话，大多是这里所谓的成功人士。他们诉说自己当初是多么的贫穷，而自从加入这个行列后，现在变得如何的富有。但不管他们如何劝说，我始终都不表态。

最后，“胡总”终于发怒了，派人强行将我口袋里的钱、手机和身份证给搜走，并恐吓我说：“跟你实说，到了这里的人，不管他开始有多么强硬，最后都乖乖地加入了，我劝你不要自讨苦吃。”

这话不假，我刚进来时，就有人诉说自己在这里受到的种种欺负。还有一个人，因为想逃跑，被抓住后打断了腿，现在还留下了后遗症。身在这个人间魔窟，我才知道什么叫欲哭无泪。

机智让我艰险逃脱

一个星期六的下午，那些已经加入组

织的人去参加每周一次的分享会，只有我和几个“顽固不化”的人被锁在一间房子里。

这时，我提议晚上借机逃跑。大家沉默了许久，最后一致同意。虽然我们知道，被抓住会是什么样的后果，但我们实在不想跟他们同流合污，去害更多的人。

夜幕降临时，我们的心都紧张了起来，躺着休息了片刻，就开始行动了。我们先把门从里面锁住，然后将几把椅子重叠起来，爬到上面把瓦做的房顶拆了一个大洞，然后大家一个接着一个爬出去。

这时，不知是谁不小心弄掉了几片瓦。很快，“胡总”带着几个人，拿着家伙追来。我们顾不上回头，使出了吃奶的劲拼命往前跑，耳边响着呼呼的风声，脚底也被扎得鲜血淋离，双脚像灌了铅般沉重。但是，冲出藩篱的强烈念头，使我们忘记了一切。

就这样，我们几个惊魂未定地赶到了火车站，在好心人的帮助下，坐上了回家的火车。

失去翅膀的天使

在历经一星期的围困后，我带着心灵的创伤，终于逃离了这个陷阱。后来，经过我的举报，那个以“胡总”为首的传销组织终于被捣毁。

同时，被命运惩罚的还有席小洁。她对传销可谓痴迷到了极点。我真不知道她为什么会陷得这么深，也不知道她什么时候才能醒过来。现在，她已经被当地执法部门调查过好几次了。最后一次听到关于她的消息，我几乎不敢相信自己的耳朵。在又一次被执法部门调查后，她结束了自己的生命。一个曾经无比纯洁的女孩，就这样被传销毁掉了一切，走上了不归路。

如今，我依靠自己勤劳的双手，得到了梦想的住房和汽车，这是传销绝不可能给予我的。

写完这个真实的故事，我脑海里突然想起一句名言：天下没有免费的午餐。是的，没有。

财商分析

目前，不少大学毕业生在找工作时都受过传销骚扰。传销讲师往往舌灿莲花，以高收入、少劳动为诱饵，将他们骗入传销魔窟，进行软禁。要知道，传销是种非法行为，它几乎不提供任何实在的业务和服务，仅以出售产品、提供服务为幌子，通过发展人员数量为主要经济来源，往往会引发社会刑事案件上升、家破人亡等社会问题。

财商借鉴

世上没有免费的午餐，妄想不劳而获的人终将受到惩罚。

CAISHANGCESHI

测试 你最容易获取第一桶金的领域是哪一个？

如果让你花掉所有积蓄买一样东西，你最想购买的是什么？

A. 知名画家作品。

B. 一项先进科技。

C. 商品的代理权。

D. 动植物园或者水族馆。

E. 敬老院或者孤儿院。

F. 高尔夫球场或者赛马场。

测试结果

A：你是个喜欢自我表达，且充满浪漫细胞的人，或许会在写作、音乐、艺术、戏剧等领域挖掘到第一桶金。

B：你信奉科技能带来财富，擅长研究分析数据和思考抽象问题，或许会在生物、化学、物理、程序设计、工程设计等领域挖掘到第一桶金。

C：你的经济头脑很好、思维周密严谨，无论何时何地都能看到商机，或许会在金融、贸易、会计等领域挖掘到第一桶金。

D：你喜欢户外活动或操作机器，不喜欢朝九晚五的生活，或许会在制造业、渔业、机械业、农业、林业等领域挖掘到第一桶金。

E：你喜欢帮助他人，从事慈善工作，或许会在教育、社会工作、服务行业、心理咨询等领域挖到第一桶金。

F：你对物质有较高要求，喜欢领导和影响别人，或许会在商业管理、营销采购、公关代理、电视制作等领域挖到第一桶金。

第三章

勤俭节约——树立正确的消费观

在树立了赚钱的意识,并通过劳动获取了一定的财富后,又有一个新的问题摆在了我们面前:如何消费?

消费观是人们对消费行为、消费心理、消费结构和消费方式等整个消费活动要素的度量,是世界观、人生观和价值观在消费问题上的体现。消费观一旦形成,其威力巨大,将反作用于经济、社会、文化的各个方面。

如今,过度消费、不理性消费、奢靡消费等不合理消费观盛行,“月光族”“卡奴族”“购物狂”等名词如雨后春笋般冒了出来,而节俭消费、适度消费、绿色消费等合理消费观却被抛诸脑后。可喜的是,“光盘行动”等倡导理性消费、节俭消费的活动逐渐被大多数人接受,人们的消费观念正在悄然改变……

一粥一饭,当思来之不易;半丝半缕,恒念物力维艰。勤俭节约是中华民族乃至全人类的传统美德,显赫如奥巴马、默克尔,也从各个方面着手,厉行节约,更何况我们呢?

财商代表：**奥巴马**
财商关键词：**节俭、开源**
财商值：**90**

持家有道的美国总统

来源：《健康生活》 作者：高 峰

2010年，英国《经济学家》杂志曾把若干位国家或地区的领导人年薪排过一个名次，奥巴马以年收入40万美元名列第七，还比不上中国香港特首曾荫权的51.6万美元年收入。

收入不高的奥巴马，曾在白宫会见了美国理财媒体的几位编辑和记者，与大家分享了自己的经验，希望大手大脚惯了的美国民众，在当前经济不景气的情况下，学会精打细算地过日子。

节俭不花冤枉钱

“不管你赚多少，都得省着点儿花。”这是奥巴马从外祖母斯坦利·邓汉姆那里继承来的经验。奥巴马从小在单亲妈妈的抚养下生活，没有多少零花钱，“有时带同学回家玩，他们会抱怨我们家冰箱里几乎没有零食。”童年的困窘，也让奥巴马从小养成了节约的意识。

奥巴马10岁时回到美国，由外祖父母照顾。“外婆是个伟大的人，她务实能干，虽然只有高中学历，却从小文员一直做到银行副总裁。她靠一点一点地攒钱，把我送进最好的中学。在她看来，积少成多是理财最重要的道理。这一点，让我一辈子印象深刻。”

奥巴马经常光顾的一家洗衣店老板回忆说：“奥巴马非常节俭，没当总统时，他经常送洗的是一些在街头杂货店买的衬衫；现在虽然身为总统，但衣服仍旧没有多少高档名牌。去年冬天，奥巴马还来店里，委托我们缝补一件里子磨破了的外套。”奥巴马入驻白宫之后，几乎没怎么改变办公室，就连前任总统小布什留下的旧地毯也没有更换，理由是“没必要花冤枉钱”。

第一夫人米歇尔是美国平价休闲品牌GAP的忠实粉丝，店里10美元的条纹T恤、29.99美元的连衣裙她都穿。2009年，米歇尔会见美国前总统里根的夫人南希时，穿着25美元一件的GAP羊毛衫。2010年，她在华盛顿参加一个圣诞庆祝会，穿了一条从二手店淘来的黑色长裙。店主透露，她还在这家店里预订了好几件“二手货”。在美国历届总统夫人中，如此“抠门”的仅此一位。

但让米歇尔得意的是，她靠着自己巧妙的搭配和不错的品位，被《时尚》杂志选为“全球衣着品位最佳女性”。当米歇尔身穿一件黑白无袖背心裙出现在电视节目中，这件在零售店里价格仅为148美元的裙子一下子狂卖2500件，许多分店

卖到脱销。而米歇尔在另一次脱口秀节目中提到，自己曾经花 89.99 美元在网上买了一条彩色紧身裙，这款衣服隔天就被抢购一空。

储蓄同时减少债务

“要学会存钱，而不是欠债。”这是奥巴马和米歇尔的理财经验。奥巴马对记者们爆料：“大学时，我们像很多年轻学生一样，毫无顾忌地透支信用卡交学费、买新潮的东西、旅行、大吃大喝……结果毕业时，米歇尔和我共欠了 12 万美元的学生贷款和信用卡债务，不得不拖了 10 年才全部还清。幸运的是，我们俩都是学法律的，有良好的教育背景，找工作不那么麻烦，凭我们的本事可以把这些钱赚回来。但有一些学生可能要被拖累很久。”

奥巴马还表示，很多毕业不久的年轻人面临诸多困境：“他要建立家庭，要照顾退休的老人，还要为孩子攒学费。要知道，现在的大学学费还是很贵的。”

但大多数美国人的储蓄观念并不强，手里有钱就花出去，并习惯“超前消费”，年轻人尤其如此。被外界评价为“对钱财观念保守”的奥巴马称：“借钱去买根本用不着的东西，纯属浪费。我们必须学会存钱。”

现在，奥巴马已经未雨绸缪，为一双女儿——13 岁的玛丽亚和 10 岁的莎夏存了 20 万美元的大学学费，还加入了“529 大学储蓄计划”。根据计划，家长可以开设账户为孩子将来的教育存钱，存款可用来投资债券市场，收益不用纳税。即使这笔钱最后没有用于教育，依然可以取出来，只不过要缴纳一定的罚款。

储蓄也为回报社会

现在，奥巴马夫妇最大的投资，似乎是对一对女儿的付出。不过，他们的付出不是娇生惯养，而是培养其独立的人格，其中重要的一方面，就是培养她们良好的理财观。

玛丽亚和莎夏身处第一家庭，是很多女孩羡慕的对象。但两个姑娘并没有过上小公主般的生活。2010 年玛丽亚过生日时，奥巴马夫妇连一件礼物都没有送她。有朋友打趣说他们不称职，米歇尔则说：“为什么还要花钱买礼物？为了请她的小朋友们来聚餐，我们已经花了几百块，这难道还不够？”奥巴马则直截了当地说：“作为父母，我们想让孩子从小就明白，花钱要有度，不能铺张浪费。”

奥巴马认为，理财的第一步，就是要学会自己挣钱。女儿已经到了可以打工挣钱的年纪。替别人照顾孩子的小保姆工作，也许是个不错的选择。米歇尔在接受美国《人物》杂志专访时说：“女儿的零花钱不能白给。要自己做家务，才能赚到零花钱。”在家女儿要干的活包括布置餐桌、清洗碗盘、整理床铺、打扫自己的房间和衣柜等。

奥巴马透露：“女儿通过做家务，每星期能从我这里领到 1 美元的零花钱。”有一次，奥巴马外出了一段时间，一回来就听见女儿对他嚷：“嗨，老爸，你已经欠我 10 个星期零用钱啦！”有人为此跟奥巴马开玩笑，认为总统给女儿的零用钱太少，甚至低于最低时薪。

像很多家长一样，奥巴马夫妇鼓励女儿按照“三分之一法则”支配她们的零用钱，即将自己赚到的钱的三分之一存到银行，三分之一用于零花，三分之一用来捐献。奥巴马夫妇最看重捐献出去的三分之一。在他们看来，“如果孩子从小就能知道财富来自社会，最终也要回报社会，就能得到尊重，也不会成为金钱的奴隶。”奥巴马不仅这样教育女儿，自己也是这么做的。2009 年，他荣获诺贝尔和平奖之后，将总额 140 万美元的奖金全部捐赠给慈善事业，给孩子做了个不错的表率。

财商分析 在美国，年薪 40 万美元只能算是比较体面的工薪阶层，远远谈不上富贵。纽约地铁里巡逻的警察，年薪带加班费都有 10 多万美元。若在华尔街的投资银行，40 万美元只是一个“中层干部”的薪水。为了把日子过好，“美国第一家庭”制定了一套自己的“理财经”——节俭、储蓄和慈善。

在这个世界上，没有穷人因为节俭而致富，但节俭却是财富大厦的基石。 **财商借鉴**

财商代表：**霍华·休斯**
财商关键词：**节俭**
财商值：**90**

2300 万美元和 150 美元

来源：《少年文摘》 作者：万安峰

霍华·休斯是美国环球航空公司的董事长，也是美国著名的大富豪，曾被誉为美国飞机大王。

有一次，休斯开车去机场，车上还坐着另一位美国富豪福斯。福斯谈起一笔高达 2300 万美元的商业项目，希望能和休斯合作。休斯听了很感兴趣，立即把车靠边停下，然后急急忙忙地跑进路旁的一家商店。福斯不知道休斯到底要干什么，只有眼巴巴地待在车上等他。

过了片刻，休斯回来了。福斯不解地问他干什么去了，休斯如释重负地说："我在打电话，我把定好的机票给退了。我要陪你坐另一趟班机，和你好好谈谈那笔 2300 万美元的大生意。"福斯听了哈哈大笑："我们谈的是 2300 万美元的生意，你却为了节约区区 150 美元的机票，就把我丢下去打电话，而且是那样匆忙地停车，差一点把我的脑袋撞破了。"休斯一脸认真地回答说："你要知道，这 2300 万美元的生意能否成功，还是一个未知数，可现在能节约下来的 150 美元，却是实实在在到了我的口袋呀！"

把握现在，脚踏实地，摒弃一切好高骛远和心浮气躁，这也许是最朴实，也是最有效的致富之路。

财商分析

飞机大王为了节省 150 美元，搞得形象全失，让人跌破眼镜。殊不知，"不积硅步，无以至千里，不积小流，无以成江河。"正是一个个不起眼的 150 美元，构成了霍华·休斯的亿万事业。

财商借鉴 不要忽视身边的每一分钱，十鸟在林，不如一鸟在手。

财商代表：**众明星**
财商关键词：**节俭**
财商值：**70**

明星抠门排行榜

来源：《中国证券报》 作者：庄浩滨

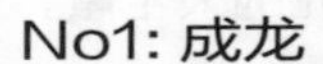

No1：成龙

身价约6亿人民币，上厕所只用一张卫生纸。

成龙连续好几年蝉联港台明星收入排行榜冠军，进账几十亿不在话下。如果从GDP来看，在古代肯定算是“富可敌国”。但是，“苦孩子”出身的他却不改本色，在生活上能省则省，穿着上喜欢手工制作的唐装，或者宣传“成龙精神”的文化衫。据说在拍戏时，成龙更是严格控制预算，比如他会告诉剧组工作人员，洗手的肥皂要洗到不能洗才能丢，吃不完的盒饭不能随便丢，打包起来加工后又是一餐饭。他对自己也是严苛到难以想象，上厕所不要两张纸一起用，一张就好。虽然听起来有点“臭臭的”，但是却也让人佩服得五体投地。

No2：张学友夫妇

商演出场价70万人民币以上，广告代言价为两年1000万港币，吃不完打包走。

凭借“歌神”的名望，张学友吸金能力在“四大天王”中也是风头正劲，去年的世界巡回演唱会让他进账颇丰，过亿不在话下。但是，张学友出席好友、已故嘉禾老板何冠昌遗孀何傅瑞娜的生日派对时，走下“神坛”，表现出草根作风，与其出身不谋而合。派对是在高级的日本料理店举行的，宾主尽欢后，张学友就带着老婆罗美薇，将吃剩下来的食品和甜点打包带走，反倒有点像他才是饭局的主人。歌神虽然带来了生日礼物，但是绝不吃亏，吃了饭还要打包带走，果然精明。

No3：蔡依林

内地出场价50万人民币以上，代言费高达3000万台币，买东西却一定砍价。

小天后蔡依林的赚钱能力毋庸置疑，唱片卖得满堂红，广告代言身价高达数百万元，就连在赌城作秀的价码，也能达到每小时50多万港元。早已成为圈中公认的“小富婆”，可小妮子却超级节省。她说自己买过最贵的衣服是1万元，这还让她心痛了好久。其实，蔡依林打从出道开始，所赚的酬劳全部交由父母打理，需要用钱时，才跟父母拿。别看蔡小姐练就

了“吸金大法”，但是买起东西来却绝对不肯吃亏。有一次在香港某店，她看中两双靴子，本以为老板会卖个面子打折，“至少也要打 8.5 折吧”，但是老板偏不买账，还说一定要买很多双才有折扣，蔡小姐一听就黑面离开了。

No4: 庾澄庆

除了出唱片，写歌词也是他收入的主要部分。

很多人都以为当明星日进斗金，必定非名牌不买，但对庾澄庆来说，只要有舒服的球鞋和牛仔裤、T 恤就可以了。在艺人中，庾澄庆算是置装费最少的一个，脚上踏的和身上穿的，常常都是赞助厂商送的，一毛钱都不用花。在日常生活中，庾澄庆更具环保意识，常常提醒工作人员，复印纸不要只印一面，另外一面可以再回收利用，易拉罐不能随便丢，还可以拿去卖废品换钱。也许是从小受到家庭影响，哈林认为生活上可以节俭的地方就不该浪费。他甚至在马桶上装置了节水器，以免每次冲马桶时，一次放掉太多水，浪费水资源。

No5: 林志玲

平均一个广告代言进账约 180 万 ~250 万元，认为房子够住就可以。

林志玲凭借傲人身材和嗲嗲电音，让诸多广告商争先恐后买单，收入自然是“猪笼进水——发大了”。但是，身价暴升却没有让她成为前呼后拥的大明星。林志玲这个超级名模，只有赞助商赞助时才会穿名牌，平时身上的衣服都很朴素，全无名牌。而且工作时她身边也只有一个女助手，没有保姆车接送，很多时候都是自己亲力亲为，拎着大包小包的东西走场。

据说，如果要公司安排车和保姆的话，是要付费用的，所以一向节俭的林志玲选择了自己搞定。比如有一次从香港做活动回来，首先是香港的模特公司工作人员送她到机场，然后她独自搭夜机回台，无保姆跟随，到了目的地再叫朋友开车来接她。而且林志玲虽然有公司安排寓所，但是她多年固定的居住地依然是父母家——一间有 30 年楼龄的天台屋，目前市值 400 万港元左右。老实说，在台北这样的都市，这也不算什么豪宅。

No6: 茱丽娅 · 罗伯茨

好莱坞片酬最高的女影星之一，曾以旧衣换新衣。

美国媒体透露，奥斯卡影后茱丽娅 · 罗伯茨当年举行婚礼的最后一刻，还在超市里大肆采购热狗、汉堡、爆米花、卷心菜等。那些大老远来参加婚礼的宾客们，吃的就是这些食物！更夸张的是，今年 2 月的时候，罗伯茨在一家二手店里看上一件有点贵的套装，当时她竟然跟店员这样商量：“既然你们是二手衣店，那我拿身上穿的这件牛仔外套跟你们交换好不好？”

财商分析　明星并不是个个都挥金如土，不少都保持着“平民化”的消费习惯：坐公交车、节约水电、吃饭打包……聚沙成塔、集腋成裘，是亘古不变的真理。

节约是一种美德。**财商借鉴**

财商代表：**默克尔**
财商关键词：**节俭、朴素**
财商值：**95**

默克尔和她身后的德国人

来源：《国际先驱导报》　作者：吴黎明

自默克尔2005年上台执政至今，美国《福布斯》杂志几乎一直把其列为“全世界最有权力的女人”。在持续两年多的欧债危机中，陷入债务危机的南欧诸国常常要看这位政坛“女强人”的脸色，因为默克尔的拍板，很大程度上决定着欧债危机的解决方式。

然而，就是这样一位名震全球的“全世界最有权力的女人”，居然放着宽敞、气派、现代化的总理府不住，宁愿住在普通民宅里，成为PROF.Dr.Sauer家的主妇，确实让很多人费解。当然，这也反映了默克尔看淡权势的风格——低调、质朴，不讲排场。

默克尔每月的工资为两万多欧元，但据进入过默克尔家采访的德国媒体人介绍，默克尔家里布置简朴。闲暇时，默克尔甚至会亲自到超市采购。柏林市中心一位熟悉的中餐馆老板告诉笔者，她曾多次看到默克尔到餐馆附近的一家超市采购。

欧债危机中，欧洲人都指望最大的金主德国，但同时一些南欧人却对默克尔倡导的紧缩措施最不感冒。换句话说，一方面欧洲人欣赏德国人的苦干，另一方面，又不希望德国人把自己的节俭习惯推广到整个欧洲。

在节俭的问题上，德国总理默克尔本人也一直亲力亲为。2007年默克尔访问中国南京时，有三件事让当地人印象深刻：一是坚持入住宾馆普通套房，其价格只是总统套房的1/20；二是就餐不进包间，坚持和普通客人一起吃自助；三是将自己不小心掉在地上的面包捡起来吃。2012年，默克尔在出席一个公开场合时，被媒体发现所穿礼服为4年前的旧衣，戴旧珠宝，被称为“最节俭的总理”。

财商分析

一个人铺张浪费，可能会毁掉一个家庭；一个国家铺张浪费，可能会毁掉一个国家。默克尔作为“全世界最有权力的女人”，却一直保持着节俭的生活习惯，拒绝铺张浪费，给德国人，乃至全世界人民树立了勤俭节约的好榜样。

默克尔如同一面镜子，折射出德国人勤俭、务实、执着于规矩的民族特性。

财商代表: **泰森**
财商关键词: **节俭**
财商值: **20**

亿万富翁如何变成穷光蛋

来源:《看故事,学理财》 作者:邹华英

泰森有着几亿美元的身家，在鼎盛时期所积累的财富，是一个普通美国人需要工作7600年才能拥有的。但他最后(2003年8月)却因为2700万美元的债务，不得不申请破产，实在是令人难以置信。

按照泰森自己咬牙切齿的说法，经纪人唐金骗走了自己总收入的三分之一；第二任妻子莫尼卡为了离婚的赡养费，几乎把自己榨干；那些和自己各种龌龊官司有关的人，包括律师和受害人，都从他身上捞足了油水。而人们普遍认为，归根结底，奢华糜烂、挥霍无度的生活，平时出手太过阔绰，才是其迅速破产的重要原因。

泰森在一年时间里光手机费就花了超过23万美元，办生日宴会则花了41万美元。他想到英国去花100万英镑买一辆F1赛车，后来明白F1赛车不能开到街道上，只能在赛场跑道里开才作罢。最后，他把这100万英镑变成了一只钻石金表，可才戴了十来天，就随手送给了自己的保镖。甚至，动辄有几万、十几万美元的巨额花费，连他自己都搞不明白去处。如此花销，恐怕就是金山也会被他挖空。

虽然从1998年起，泰森已经承担了巨大的债务压力，但习惯于信用消费的他，还是在2002年12月22日选购了一条价值173706美元、镶有80克拉钻石的金链。2002年6月，他负债8100美金，用于照料他的老虎，负债65000美金，用于保养他的豪华轿车。但是实际上，泰森在1991年以后净收入不断减少，但是他并没有因此而改变奢侈消费的习惯，入不敷出。即使是在申请破产保护后，他的律师也并不是很清楚他的资产与负债现状，大量的、名目繁多的债务使得泰森资不抵债。

一个亿万富翁，最终却因为挥霍无度而变成了一个穷光蛋。

财商分析

泰森身为公众人物，行为却毫不检点，最终在官司和奢侈品中耗光财富，从“富翁”变成“负翁”。像他这样看起来光鲜亮丽的体育和演艺明星，因为骄奢淫逸陷入债务危机的，比比皆是。

财商借鉴

要是铺张浪费、入不敷出，且不说各路富豪，就是国王、皇帝，也会变成财富的奴隶。

财商代表：**迈克尔·杰克逊**
财商关键词：**节俭**
财商值：**40**

天王留下的巨额债务

来源：《天府早报》　作者：孟　梅

2009年6月25日，流行音乐之王迈克尔·杰克逊因为心脏骤停去世，这距离他计划于7月13日举行的复出演唱会，仅仅只有18天。已经50岁的迈克尔·杰克逊为什么要复出？据他的心理医生说："他说他被逼到墙角，但又坚持要唱，因为他欠债太多了。"

曾创造了一个又一个财富神话的迈克尔·杰克逊，到去世时却给家人留下了高达4亿美元的负债。他所走过的这条财富轨迹，不禁让人扼腕深思。

他曾身家过亿

早在2003年，著名的福布斯杂志就曾统计出迈克尔·杰克逊的净资产约为4亿美元。除了他在桑塔巴巴那地区的豪华庄园外，迈克尔·杰克逊在索尼及ATV音乐公司所占有的股份，市值至少为3.5亿美元。

1985年，迈克尔·杰克逊以4750万美元购得ATV音乐公司的所有股权，并在1995年以9500万美元的高价转手卖给索尼音乐公司。仅此一项，迈克尔·杰克逊便进账近5000万美元。他投资的版权歌曲，包括英国摇滚乐队"甲壳虫"的251首歌。通过出售这些歌曲的使用权、开演唱会、

广告代言，迈克尔·杰克逊赚得盆满钵满。

虽然后来迈克尔·杰克逊的专辑销量并不理想，但他还是可以从中取得相当稳定的收入。他于1982年发行的史上最畅销的专辑《颤栗》，迄今为止已经得到1.15亿美元的巨额回报。

挣得多，花得更多

尽管赚得很多，但迈克尔·杰克逊花得更多——1988年，他以1700万美元的价格在加利福尼亚购入1000公顷土地，建立了著名的“梦幻岛”牧场。这个牧场带有动物园、游乐场和电影院，维护费用每年高达500万美元。

后来，处于半退休状态的迈克尔·杰克逊专辑销量不佳，演唱事业也持续低迷，但他在生活上却依旧保持了大手大脚花钱的习惯。在ABC电视台播放的一部纪录片中，迈克尔·杰克逊从一家礼品店中购买了价值数百万美元的物品，包括名画、瓷器、桌子等。而此后数年中，迈克尔·杰克逊一直官司缠身，屡遭索赔，仅此一项就花去上千万美元。

1993年的娈童案中，迈克尔·杰克逊付给男童家人高达1500万美元的赔偿金;2003年1月，索斯比拍卖公司将迈克尔·杰克逊告上法庭，称迈克尔·杰克逊毁约，没有将其竞标而得的两幅价值130万美元的世界名画买下。拍卖公司要求迈克尔·杰克逊至少偿付160万美元的违约金；2003年5月，迈克尔·杰克逊因拖欠员工工资被其财政顾问告上法庭……至2005年左右，他的负债已高达2.7亿美元。

直至2006年，迈克尔·杰克逊捐款达3亿美元。当年，吉尼斯世界纪录颁发了一个最新认证：迈克尔·杰克逊是世界历史上最成功的艺术家！他一个人支持了世界上39个慈善救助基金会，保持着2006年的吉尼斯世界个人慈善纪录，是全世界以个人名义捐助慈善事业最多的人。

2009年，迈克尔·杰克逊不幸猝死，留给家人的除了无比的悲伤之外，还有高达4亿美元的负债。

财商分析 迈克尔·杰克逊是无可厚非的流行天王，谁想到他的财商远远低于他的音乐天赋？迈克尔·杰克逊在事业和收入达到顶峰时，不做固定的财富储备，而是进行超出个人能力的慈善捐赠和娱乐消费，导致年老力衰后还要通过辛勤工作偿还债务，最终带着大笔债务遗憾离世，成为过度消费的最佳例证。

即使是日进斗金的名人，也要做好消费规划工作，否则就有可能遭受破产之苦。**财商借鉴**

CAISHANG CESHI

测试 测测你的金钱观

假设你进了一家古董店，里面有 4 件物品你都喜欢，可是碍于经济能力，只能先买一种，你会选择下列哪一种？

A. 手枪　B. 烛台　C. 油灯　D. 闹钟

测试结果

A. 你认为金钱的重要性胜过一切，所以几乎都不太花钱，在别人眼中你是个守财奴、小气鬼。也由于一毛不拔的金钱观使你错失了许多朋友。

B. 你认为钱就是用来消费的。只要渴望拥有的东西均不会考虑金额的高、低。如果不节制，养成大手大脚的习惯，将来想要收敛就很难了！

C. 你是个没有什么金钱观的人，有时可能会感觉金钱的重要而积极存钱。但三分钟热度过后马上就放弃。如果你有钱，还是交由父母管理比较妥当。

D. 你很有金钱观念，每一分钱都会花在最有用的地方，理财意识很强，既不会过于吝啬，又懂得花钱的艺术，是个能够享用人生的聪明人。

第四章 投资理财——让财富保值增值

我们经常见到这样的年轻人：他们有知识，有头脑，有能力，拿着旁人难以企及的高收入，蔑视老辈人"会赚不如会省"的理念，打着"能花才更能赚"的旗号，做花光、用光还自得其乐的"月光族"，却在真正需要钱财的时候（比如患病、结婚、置房）捉襟见肘。殊不知，财富是生活中的必需品，和粮食没有什么不同，只有提前在丰年储存，才能应备荒年之需。要成为一个高财商的人，不光要会挣钱，更要学会存钱，以及如何让财富保值增值。

具体要怎么做呢？

简单说来，有两种办法：一是节流。建立个人账户，做好支出预算，学会各种省钱妙方，比如购买打折商品、减少外出就餐、和朋友实行AA制、尽量克制购物欲等。二是开源。俗话说，"最好的防守方式就是进攻。"光是存钱，难以抵御通胀带来的压力，我们应该多学财务知识，积极主动地进行投资，让自己的财富保值甚至增值。这就需要我们根据自身情况，建立完善的财务投资体系，购买一些金融产品，例如股票、基金、期货、国债、黄金、地产等。

财商代表：**葛朗台**
财商关键词：**投资、节俭**
财商值：**80**

葛朗台是个精明人

来源：《商业故事》 作者：刘卓言

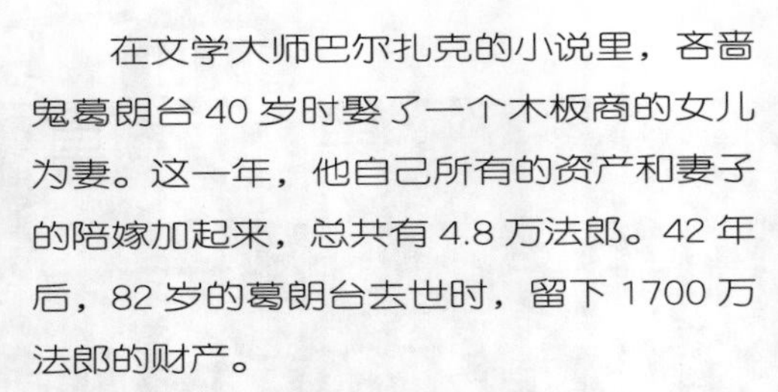

在文学大师巴尔扎克的小说里，吝啬鬼葛朗台 40 岁时娶了一个木板商的女儿为妻。这一年，他自己所有的资产和妻子的陪嫁加起来，总共有 4.8 万法郎。42 年后，82 岁的葛朗台去世时，留下 1700 万法郎的财产。

从 4.8 万法郎到 1700 万法郎，资产增加了 350 倍。光靠吝啬是攒不下那么多钱的，葛朗台还得有不俗的投资才能。

葛朗台的聚财方式兼具农业资本家、工商业企业家、高利贷资本家的特点。他赚钱的手段比单纯的高利贷要高明，他懂得在流通中求得资金的增值，不仅顺应时势，还能巧妙地利用时势来获利。

投机生意

葛朗台对信息的收集有他自己的一套，处理利用信息的本领更是让人叫绝。

早上，葛朗台在码头听人家闲聊，说南特城接了许多军火生意，金价涨了一倍，好些投机商跑到昂热来收购黄金。回到家后，他立即向佃户借了几匹马，当晚动身，把家里的金子运到昂热去卖掉，狠狠赚了一笔，然后用这笔钱换回一批国库券。第二天回到家，当银行家德·格拉桑高谈阔论昂热的金价和自己的打算时，葛朗台小声地说："我昨夜去了昂热。"这句话把银行家惊得一愣一愣的，接着葛朗台请银行家替他买进 10 万法郎公债，德·格拉桑惊讶得又是一愣。

当公债涨到 115 法郎时，葛朗台又出手了，这样一进一出，他大赚了一笔。

葛朗台见了金子就像见了命一样，在机会来临时果断出手，从投资中获得现金，再投资。如此不断地循环，积累起巨额财富。

有自己的见解

葛朗台对行情有自己独到的看法，绝对不人云亦云。一次，他认定葡萄酒会价格下跌，便想方设法出售葡萄酒。

那天下午将近 4 点钟光景，突然传来一阵急促的敲门声，吓得葛朗台太太的心怦怦直跳。她对女儿说："不知你爹出了什么事？"

葛朗台快活地走进门来，脱下手套，两手使劲搓着，几乎把皮都搓了下来。他在屋里走来走去，不时地看表。末了，他还是忍不住把秘密说了出来。

他一点也不结巴地说："他们都叫我

耍了，我们的酒出手了。荷兰人和比利时人今天动身，我装出傻乎乎的样子，在他们旅馆前的广场上闲逛，那个比利时家伙就找我来了。那些收成好的葡萄园主都压着货，等行情好一点再卖。我看准了，那比利时佬也豁出去了，于是生意做成了，200 法郎一桶，一半付现。我到手的都是金币啊！而且合同也签了……过 3 个月，酒价就会下跌。”

果然，3 个月后，酒价下跌了。

财商分析 葛朗台利用一切机会进行投资：黄金、债券、货物……当然，他最大的投资或许是娶木板商的女儿所获得的嫁妆，那可算得上他的第一桶金。而第一桶金的重要性，对每一个期望获取巨额财富的人都不言而喻。

财商借鉴 光节约是不够的，钱生钱是更快的财富增长方式。

财商代表：**芮成钢**
财商关键词：**投资、风险**
财商值：**65**

你乱理财，财也不理你

来源：《金融经济·市场版》　作者：逸　群

都说你不理财，财不理你。但央视财经类节目主持一哥芮成钢却认为"你乱理财，财也不理你"。

投资恐龙蛋？没戏

很多朋友冲着我是财经频道主持人，向我请教"理财绝招"。我说我根本不理财，他们都不信。我跟他们打了个比方：北京有那么多出租车司机，但有几个是因为喜欢开车而当的哥的？我和他们一样，做财经节目只是职业，并非我喜欢理财。

刚参加工作时，我在山东济南一家电视台上班，同事们在办公室里谈得最多的就是理财。有人钻研股票，有人研究基金，还有人琢磨邮票、粮票、连环画之类的冷门收藏品，反正没人闲着，都想让手中的钱生钱，利滚利。

后来，不知从哪儿刮起一股投资兰花的狂风，几乎一夜之间，办公室里的每个人都变成了兰花迷，人手一本花卉图册，苦心钻研，家家阳台上少则十几盆，多则几十盆兰花，挤得满满当当。大家都盼望着手上的兰花能从购入时的上百元一盆，飙升到数万元一盆。

我不懂兰花和这个市场，但我能看明白的是，如此全民参战地在这样一个狭隘的投资领域里扑腾，太疯狂了，而疯狂的代价绝对是惨痛不已。果然，不到半年，除了顶端的炒家赚足了钱外，绝大多数的小民们全都做了金字塔最底端的垫脚石。我的同事们，一个个都未能幸免。

后来到了北京，我又见证了另一场更加荒谬的投资热潮——恐龙蛋。当时，有一位特别执着的朋友跟我说起这件事时，两眼放光：恐龙蛋呀，几千年前的化石啊，几百年前的东西都能称为古董，这玩意肯定值钱！

由于飞机和火车上不允许私自携带恐龙蛋，朋友硬是自己一个人把车开到内蒙古去接货，花了50多万把3枚恐龙蛋诚惶诚恐地拖回了北京。

我有幸见过这两枚恐龙蛋，看上去跟大个儿鹅卵石差不多，只是多了一层泥胚外壳。那个朋友专门打造了玻璃展示箱，把它们固定在定做的架子上放好，说后半辈子就指望这两个蛋发财了。

结果金蛋变成了完蛋，官方正式对此事进行辟谣，声称此物无任何投资价值，并指出目前市面上所谓的恐龙蛋都是人工伪造的。此消息一出，此前还水涨船高的价格顿时崩盘，那些花高价投资了恐龙蛋

的人，一夜之间血本无归，唯一从中赚了大把银子的，是内蒙古那帮专做假恐龙蛋的炒家。我那个朋友踌躇再三，小心翼翼地打开了一枚自己视若拱璧的恐龙蛋，发现原来只是一个泥团儿，用放大镜都找不出一丁点骨骼化石。

黄金钻石，看上去很美

我发现，我身边从来都不乏热衷理财的朋友；但我也发现，他们中的绝大多数都对投资品市场缺乏了解，理财思路也不清晰。他们选择理财的唯一风向标就是——跟风！

有一段时间，投资钻石非常热，台里有位同事买了一颗 3 克拉的裸钻投资。她说，这东西能保持每年不低于 12% 的增值率。

从市场的售价看，似乎是这样，但被她忽视的是，上涨的只是卖家的售价，作为藏家，面对的是一个有价无市的市场。她曾经去询问她那颗裸钻是否能回收，珠宝行报出的回收价是 4 万，只相当于她当初购买价格的 20%。

我帮她找到了售价与回收价天差地别的答案。在采访南非副总统莫特兰蒂时，他对于投资钻石的回答是：钻石难以保值，更不可能升值，它就是碳而已，除了工业钻石有实际用途外，钻石唯一的价值就是做成首饰，满足人的虚荣心。钻石价格之所以逐年上涨，不是由市场决定，而是由戴比尔斯公司控制的中央销售机构决定的——该公司囤积垄断了全球钻石原石，每年自行提价后将原石投放市场，保证供小于求。钻石涨价不是因为稀缺，而是因为被操控。

这下，那个投资钻石的同事傻了眼，她那颗裸钻注定只能当做传家宝，一代一代往下传。可问题是，当想象中已经升至 30 万的钻石，实际收购价只有 4 万时，就不可避免地给她带去了沉重的精神压力和负面情绪。很长一段时间，她都处于一种魂不守舍的状态。更糟糕的是，因为掏出积蓄买了钻石，连正常生活也受到了影响。她的月薪不过 7000 元，她老公也只是普通白领，夫妻俩要还房贷，孩子也即将入托……

随后的大半年，她过得很不风光，多次主动申请跑边远地区出外景，只为挣些额外的差旅补贴。

理财还得悠着点

因为身边总有人在谈投资理财，耳濡目染，我发现了一个很有趣的现象：那些谈起某个项目回报丰厚的人，到最后基本上都闭口不提当初的那些事儿了，偶尔问起也支支吾吾，言语不详，被逼急了才冒出一句“亏了”。有炒股亏掉一大半的，有买基金亏损 70% 的，更有买海外开放式基金，从百万富翁变成十万身家的……我东看西看，发现最后唯一一个稳赚不赔的人是我！

我也曾经想过买点啥理财产品，做点啥投资项目，但问题是我没钱。我拿的是年薪，看起来很体面，但架不住我的各项开销。

比方说，我不是北京人，不能总租房子吧，所以我只能贷款买房子，每月要还很高的房贷。

我有点虚荣心，所以给自己买了一辆捷豹车。它很有英伦范儿，开到哪里都能吸引目光，但养护费用比奔驰还高，要加98号汽油，全合成机油，每次加油还得额外用燃油添加剂。如果要换个啥零部件，基本没有低于4位数的。

台里发给我的服装费是不够的，我每年都得倒贴不少，因为我喜欢的款型大都不便宜。我觉得穿起来舒服的鞋子，价格也不低。

我爱喝红酒，偶尔抽雪茄，我还喜欢玩单反，动不动会看上新款的长焦距镜头，还比较酷爱数码产品……

有时候想想，这些项目都是不能保值增值的。但我又一想，假设自己也跟他们一样，省吃俭用，将白花花的银子投入那些理财项目的话，那么我可能不会有房，更不可能有车，也绝对不可能承担得起如今这些爱好与消费方式。

我没存下什么钱，但我没钱的原因是我把钱花掉了；他们也没存下什么钱，原因则是他们的钱亏掉了！我觉得这就像我们同样买了一堆水果，我吃掉了，他们舍不得吃，结果坏掉了一样。虽然水果最后都没了，但吃掉和坏掉绝对是两种截然不同的心情。

因为工作关系，我认识了不少有名的理财投资专家。他们经常口若悬河地帮人分析什么值得投资，哪些可以关注，但私底下，据我所知，他们自己都很少介入这个领域。我跟一个比较熟的专家开玩笑说，他们是站在岸上诱人跳河，他解释说，他之所以不介入，是为了置身事外，这才能保持清醒的头脑进行分析。

我不否认有人投资理财赚了钱，可赚的是谁的钱呢？绝大多数输家的财富，变成了极少数赢家的利润。

我相信，绝大多数的普通人都跟我一样，连资本市场是怎么回事都搞不清楚，连K线图都看不明白，对于投资领域如何建构操作也不了解，对于收藏品的鉴别更是两眼一抹黑。无知也还罢了，偏偏还非常无畏，对自己的运气与眼光自信满满，深信自己买啥啥涨，屯啥啥赚。

财商分析

芮成钢在财经领域浸淫多年，却很少做投资，是因为他清楚地知道投资不只是让财富快速增值的方式，也可能是让财富快速贬值的方式。如果你不懂得如何理财，没有做好严格的风险评估和控制，就不要轻易涉足投资领域。

财商借鉴

投资有风险，入市需谨慎。

财商代表：**李响**
财商关键词：**储蓄**
财商值：**70**

李响独爱储蓄

来源：《钱经》 作者：苏 三

股票、基金、债券、信托、收藏……人人都在谈理财，似乎不买理财产品，你就只配看别人的白眼球。李响却是一个异类，他只做一种投资——储蓄！储蓄钱和自己！

李响是江苏卫视主持人，曾经的湖南卫视“娱乐一哥”。他主持过的节目有《快乐男声》《超级女声》《金鹰节明星演唱会》等，现主持《职来职往》《欢喜冤家》，还曾发行过单曲，出演过舞台剧等。2012 年 5 月，他出版了第一本个人作品《响聊聊职场》。

“在职场上，大多数人都是孤独的，这种孤独的感觉很难去名状，好像在最需要别人帮助的时候却要一个人完成很多事情。‘分享’这个词在职场上好像变得越来越奢侈。”主持《职来职往》的李响，希望能通过分享自己在职场上的磕磕绊绊，让更多的人走得顺一些，通过职场为自己带来财富。

和很多 80 后一样，李响也把自己的大部分钱花在买车和购房上，“但是我买房子纯粹是为了自己住，不会为了投资买房子。”

除了车子和房子的开销，李响把剩下的钱存起来收利息。“不要小看储蓄收益，如果你不懂投资，看不清市场，存钱的收益可能更稳定。”李响觉得，与其在股市里损失掉百分之十几的收益，不如稳拿每年 0.4% 的利息。“现在市场不好，没有人能预测得准。”

李响比一般人理智得多，“保险虽然收益不一定高，甚至只是一种保障，但是我觉得这个非常有必要，一定要给自己和家人买一个保险。即便是回报低，也是一种好投资。”在他看来，投资不一定是在短期内获得多少收益，稳定、安全才是最大的回报。

虽然没有理财产品投资，但李响爱收藏一些年轻人都喜欢的东西。

“我很喜欢收藏东西，书和碟有很多，搬家费用非常高。因为我没有扔东西的习惯，所以每次搬家都带着。”除了书籍，李响还喜欢收藏球鞋。“篮球鞋我目前大概有一百多双吧，我喜欢鞋子跟我爱运动有关，但是我不会买二手鞋，哪怕穿过它的球星是乔丹。因为洁癖，我只排队买一手的，一是干净，二是收藏价值高。”

财商分析 储蓄也有不同种类：活期储蓄、整存整取、零存整取、整存零取。定期储蓄利率比较高，活期储蓄提取方便……按照个人的生活与消费习惯，选取不同的储存方式，利息也会构成一笔收入。在经济形势不明朗的情况下，李响的这种金钱观非常值得大家学习。

财商借鉴 储蓄也能生财。

财商代表：**牛顿等**
财商关键词：**风险**
财商值：**50**

投资三宗“罪”

来源：《意林》　作者：晓　鎏

贪婪

1720年4月20日，英国伟大的数学家、物理学家、天文学家和自然哲学家牛顿，卖出了所持的英国南海公司股票，获利7000英镑。但之后南海股票继续上涨，牛顿感觉自己只赚了个小头，严重“踏空”。于是，他再度买回了南海股票。

随后的一年，南海股价从128英镑蹿升至1000英镑。但是，人算不如天算，形势很快急转直下，南海股票泡沫最终破灭，牛顿十年的收入在这次买卖中化为灰烬。

牛顿将南海股灾归结为疯狂的群体行为。然而，智如牛顿者，也难免随着芸芸众生，陷入对南海泡沫的大众幻想和群体性癫狂，这不得不让人们好好审视自己内心的贪婪。

鲁莽

身为资本运作老手，索罗斯自有对金融市场的判断。他的“盛一衰”理论（*繁荣期过后必存在一个衰退期*），可谓放之四海而皆准。但是，索罗斯可不是理论的奉行者，而是一个理论的践行者。

上世纪八十年代中后期，日本证券市场有一种常见的现象，那就是许多日本银行和保险公司，大量购买其他日本公司的股票。

有一段时间，日本股票在出售时，股市的市盈率已高达48.5倍，而投资者的狂热还在不断升温。因此，索罗斯认为，日本证券市场即将走向崩溃，他更看好市盈率仅为19.7倍的美国证券市场。于是，1987年9月，索罗斯把几十亿美元的投资从东京转移到了华尔街。

然而，索罗斯的判断过于大胆而鲁莽，首先出现大崩溃的并不是日本证券市场，恰恰是美国的华尔街。1987年10月19日，美国纽约道琼斯平均指数狂跌500多点，刷新了当时的历史纪录。

在接下来的几星期里，纽约股市一路下滑，而日本股市却相对坚挺。索罗斯决定抛售手中持有的几只大盘股。其他的交易商捕捉到相关信息后，借机向下猛砸索罗斯准备抛售的股票，致使期货的现金折扣降了20%，索罗斯因此在一天之内损失了2亿多美元。

索罗斯在这场华尔街大崩溃中总共损失了大约6.5亿~8亿美元，成了这场灾难的最大受害者。

索罗斯认为，一个投资者所能犯的最大错误，并不是过于大胆鲁莽，而是过于小心翼翼。

但是，对普通投资者而言，如果大胆鲁莽地去预期市场走向，并大胆鲁莽

地进行操作，那就绝不会像索罗斯一样，在失去 8 亿美元后还气定神闲。这不仅仅是因为他财大气粗，更因为他是索罗斯，他能承受由此带来的巨大压力，并且咸鱼翻身。

轻信

大部分有经验的投资人士，都不会相信别人离奇的投资神话，但美国总统格兰特却相信了。

原来，格兰特从总统宝座上走下来后，曾把目光转向商界。不幸的是，一个叫沃德的人出现在格兰特身边，劝服格兰特跟他合伙做生意。更糟的是，格兰特犯了一个巨大的错误——借贷投资。他和沃德达成协议，分别投入 20 万美元，而格兰特手上只有 10 万美元，因此他向自己的亲家借了 10 万美元。格兰特将 20 万美元的现金投入到这家公司，而沃德则投入了同等价值的证券（后来发现，这些证券的实际价值远远不足 20 万美元）。

奇怪的是，格兰特总统丝毫不怀疑合伙人的资质，没有请任何行家里手去验证沃德的证券价值，他对自己拥有一半股份的公司所经营的生意也糊里糊涂。格兰特过于相信这个叫沃德的人，并且还替他作保向银行借贷，为自己的破产拉响了前奏。

实际上，沃德真正在做的事情，是在华尔街进行投机操作，而且不成功。他借用格兰特之名，吸引格兰特的朋友和仰慕者投资，并允诺将会以非常丰厚的分红来回报他们——他们也的确定期收到了分红，但这些分红大多来自于后来的新投资者。

最后，悲剧发生了，沃德卷款逃跑，格兰特凄惨地破产。

投资原则对每个人来说都至关重要，但格兰特被合伙人的外貌和语言迷惑，导致了最终破产的惨剧。越是有名望的人，越应该明确自己的投资原则。感情的冲动代替不了理性的投资分析，轻信他人，让别人牵着自己的鼻子走，这绝不是一个理性投资者应有的行为。

财商代表：**众经济学家**
财商关键词：**权威**
财商值：**30**

经济学家也瞎理财

来源：《钱经杂志》 作者：杨欧非

拥有丰富的经济知识，并不一定能做好投资。这些"瞎理财"的经济学家，用亲身经历告诉我们：投资成功与否，要靠收益说话，理论、权威都是"浮云"。

费雪：从暴富到巨亏

阿尔文·费雪是耶鲁大学第一个经济学博士，他发明了可显示卡片指数系统，并获得了专利。他因此创立了盈利颇丰的可显示指数公司，并合并了竞争对手，建立了斯佩里·兰德公司。公司运营良好，使他富可敌国。但风水轮流转，人生总是起起落落，在20世纪30年代大危机前，费雪借款以优惠权购买了兰德公司的股份。大危机爆发后，这些股票一下子成了废纸，损失约为800万~1000万美元。费雪曾经风光无限的生活一去不复返，耶鲁大学只好将他的房子买下，再转租给他，以免他被债主赶出去，他的名声也因此受到了打击。

熊彼特：干啥赔啥

约瑟夫·熊彼特是上世纪最伟大的经济学家之一，管理大师德鲁克称他具备"永垂不朽的大智慧"。然而，就是这样一位伟大的经济学家，理财之路却颇为坎坷。

熊彼特曾分别在奥地利、德国和美国的名牌大学里担任经济学教授，并在36岁时出任奥地利财政部长。虽然经济学知识帮助他得到了要职，但在短短的9个月之后，他就不得不离开部长的岗位。卸职后次年，熊彼特自己开了银行并担任行长，企图东山再起，但该银行也经营了仅仅3年就宣布破产。此后，欠了一屁股债的熊彼特再也没有当官，也没有再去做过生意。他只能回到校园，几乎用尽了下半生教学所得的薪酬和稿费，来偿还上半生投资失败带来的债务。

马尔萨斯：败在没"Hold"住

马尔萨斯出身于中产阶级家庭，毕业于剑桥大学，勤奋研究经济学，著作颇丰。但就是这样一位令人尊敬的经济学家，一生却很清贫，究其原因，马尔萨斯只能怪自己不善理财。

同为经济学家的李嘉图，不仅是理财高手，也是马尔萨斯的好友。在滑铁卢战争前，马尔萨斯请李嘉图代他购买了一小笔公债，期许可以改变一下自己的经济状况。但时局动荡，英法战争僵持不下，引起价格波动。马尔萨斯写信催

促李嘉图抛售自己的债券，以防最后连本金都亏了。李嘉图劝他再等等，但无法改变他的决定，只能照做。而李嘉图本人则一直等到战争结束，英国大胜，债券价格暴涨时，才卖掉自己持有的债券，大赚了一笔。

卢卡斯：不靠谱的预期

当一个人的理论被自己的行为否定时，将非常尴尬。理性预期学派大师卢卡斯提出的经济理论里最重要的一条，就是人们可以做出理性而正确的预期。然而，事实证明，“理性而正确”的预期有时是靠不住的。

1989 年，卢卡斯与妻子正式办理离婚手续时，妻子提出：如果卢卡斯在 1995 年 10 月 31 日前获得诺贝尔经济学奖，她就有权分享一半奖金，否则将不分享。根据理性预期，卢卡斯认为自己在这个时间以前获奖的可能性不大，于是同意了妻子的要求。不幸的是，就在 1995 年 10 月 31 日前 20 天，他获奖了。于是，卢卡斯不得不将 100 万美元奖金的一半分给了前妻。

财商分析　费雪、熊彼特、马尔萨斯、卢卡斯的失败经验告诉我们：理论和实践有时也会背道而驰。当学院派的专家遇上变幻莫测的市场，不少都以惨败告终。

财商借鉴　投资要独立思考，与其听信专家预言，不如自己仔细观察。

财商代表：**荷兰人**
财商关键词：**投机、泡沫、跟风**
财商值：**40**

郁金香引发的市场泡沫

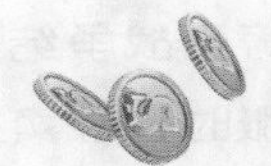

来源：《资本战争——金钱游戏与投机泡沫的历史》 作者：[德]彼得·马丁布 鲁诺·霍尔纳格

19世纪中期，人们就在骗人的交易所游戏中使用各种手段和花招。只不过，股票在那时候被称为“郁金香”……

当时，一些拥有巨大财富的欧洲商人，为了效仿奢侈的贵族生活方式，不仅希望在极其漂亮的房屋和精心挑选的衣物上更胜一筹，更试图通过高贵华丽的郁金香花坛来相互攀比。郁金香一下子成了最流行的花，价格受到哄抬。这一行为，在经济史上被称为“郁金香热”。

过去，园丁们只是按照普通价格相互出售或交换成打的郁金香花球。1634年开始，人们对这种不引人注目的花球进行投机。为了使贸易更加专业化，郁金香花球依照其重量，即“盎司”被销售出去。在大型拍卖会上，人们用称量金子的小秤来衡量珍贵的郁金香花球，然后再把它们卖给报价最高的人。

人们闪电般地将乡村旅馆转变成热闹忙碌的郁金香花交易所。在交易所里，几乎所有的公民都加入了这个狂热的投机活动。按照出版于1643年的，标题为《花朵的盛开和凋零》的小册子记载，手工业者、船员、农民、泥炭搬运工、小伙、姑娘、烟囱清洁工，甚至商人和贵族，都被郁金香热潮所俘虏。在一宗大的买卖成功后，人们会举行一场盛大的庆祝活动。卖方为获得一笔巨大的利润而欢呼雀跃，而买方则希冀价格继续上升，以便从投资中获取丰厚的报酬。

他们甚至可以从一株花球中赚取2500古尔登。这个数字，在那时相当于2节车厢的小麦，4节车厢的干草，4头肥牛，4只肥猪，一打可以随时准备屠宰的肥羊，4桶啤酒，2桶黄油，1000斤奶酪，一张床，一套西服和一盏银杯。据说，一个荷兰小城市在投机时期，就兑换了价值1000万古尔登的郁金香——当时东印度公司在交易所里的股票也是这么多！而它是那时最强大的殖民主义托拉斯！

但是，当货物一批一批被拍卖出去后，那些手头已经没钱了的人开始慌乱。于是，人们报出的价格逐渐有了起伏，报价的高低完全取决于出价者手头货币的多少。

正像投机热突然爆发一样，郁金香热潮也迅速冷却。《布莱恩维尔游记》把原因归结于一起偶然事件：一位来自国外的年轻水手，不知道荷兰国内的郁金香投机潮。他因卖力地工作得到了船主的奖赏，离船时，他顺手拿了一个名为“永远的奥古斯都”的郁金香球茎。那个球茎是船主花了3000金币（弗罗林

florins，约合现在 3 万~5 万美元）从阿姆斯特丹交易所买来的。船主发现郁金香丢失，在一家餐厅里找到水手，却发现他正满足地就着熏鲱鱼，将球茎吞下肚去。水手认为球茎如同洋葱一样，应该作为鲱鱼的佐料一块儿吃。值几千金币的球茎，在一个水手眼里竟如同洋葱。是水手疯了，还是荷兰人太不理智了？这件事仿佛一枚炸弹，引起阿姆斯特丹交易所的恐慌。

谨慎的投机者开始反思这种奇怪的现象，反思的结果是对郁金香球茎的价值产生了根本性的怀疑。极少数人觉得事情不妙，开始贱价卖出球茎，一些敏感者立即开始仿效，随后越来越多的人卷入恐慌性抛售浪潮。终于，暴风雨来临了——

在不久以前还需要排队购买，并且每家每户都争相订购的郁金香，转眼之间完全卖不出去。价格宛如断崖上滑落的枯枝，一泻千里，暴跌不止！荷兰政府发出声明，认为郁金香球茎价格无理由下跌，让市民停止抛售，并试图以合同价格的 10% 来了结所有的合同。但这些努力毫无用处，一星期后，郁金香球茎的价格几乎一文不值——其售价不过是一个普通洋葱的售价。千万人为之悲泣。一夜之间多少人成为不名一文的穷光蛋，富有的商人变成了乞丐，一些大贵族也陷入无法挽救的破产境地。

财商分析 商品的价格由其本身的价值决定，炒作出来的天价总有回归理性的一天，任何人都无法改变这个客观经济规律。郁金香虽然被失去理智的荷兰人炒到天价，最终还是还原到了普通观赏植物的价格。

投资需要理智，切忌盲目跟风。

财商借鉴

财商代表：**老毕头**
财商关键词：**风险、收藏**
财商值：**30**

痴迷古董的老人

来源：《南方日报》　作者：钱立青

戴着黑框眼镜的老毕头，人称老古董。

老毕头是文革前的初中生，在县农机厂的干部工人中，算是有文化的，见过世面的。

老毕头早退休在家，平时不爱多说话，但说起古董，谈起瓷器、书画、玉石什么的，兴趣立马就上来了，而且讲得一套一套的，好像无不研究、无不通晓似的。

坊间人人都说老毕头在古董方面非常懂行。老毕头就好这一口，喜欢花钱收集古旧东西。只要是认为有价值的劳什子，他都会想方设法地购回家中。经过多年的积累，家中的古董数不胜数，本来就不大的房子里堆得山似的，到处都是。老伴经常说，这些东西不能吃不能穿，把家里挤得来个人都没有地方可坐了。但是，听老毕头说这个瓶子值多少钱、那幅画值多少钱的时候，老伴眼睛就发直了。特别是前阵子他们在一起看过一期“鉴宝”节目，有一对粉彩的小花碗，专家估价达600多万。这样的花碗他们家也有一对，从外观上看是一模一样的。

老毕头经常擦洗宝贝时，踌躇满志地说，赶明儿卖一两只古董，就能换回一幢大大的房子，家里再多的东西也能放得下。老伴每每听到这话，就舒心地笑。

但儿媳妇李珍却从来没有因此笑过。

李珍娘家有位亲戚是省博物馆的瓷器专家。一次，这位亲戚路过老毕头家，李珍就请他来掌掌眼。专家很淡定地浏览了一通老毕头收藏的几百只瓶瓶罐罐后，除了嘴上说学习学习之外，一句话都没说。

一出门，李珍就问他这些东西里面有宋元时期的吗？专家笑而不答。李珍再三恳求，专家才说了实话：这些瓷器除几件是民国期间的仿制品外，大都是近代、现代仿品做旧而已。专家又轻声笑着说，许多都是改革开放以后制作的赝品。换句话说，这些物件存世年龄几乎没有一件比李珍年纪大。

专家还慎重地告诫李珍，不要坏了老毕头的兴致。

李珍当然不好说什么，只能私下里请自己的丈夫毕林多劝劝老毕头，不要太迷恋这些古董。

毕林虽然搞不明白家里这些东西是真还是假，但他觉得自己的父亲毕竟玩了这么多年古董，多少还是有一定水准的。再说，老人就这点小爱好，不要干涉太多。

有一天老毕头逛城隍庙回来，手里提着一带钮的玉石，高兴地说是捡了个

漏，只花了2000元，就买了汉代一位司空的官印，今后肯定能卖上大价钱。说是这么说，可毕林仔细回想，老毕头每次都是光买东西回来，从来没有卖过一件东西，不知是舍不得卖，还是真的没有人要。

第二天早上，毕林细心地打量起搁在博古架上的这方玉印，心里质疑。他想起有位同学在市科委的玉石鉴定中心工作，于是就把玉印揣在口袋里，前去请教。

毕林与李珍早上开着车去上班，小区门口花坛边有点堵车，走近一看，才知是有人在摆地摊，边上围了几个人。原来地上有人铺着一轴旧画，打开大约三分之一，貌似《清明上河图》……

李珍前几天在电视里看过，说一些古董骗子走进社区，欺骗老人。于是，他要毕林赶紧打电话，让老毕头千万不要上当。毕林说少管这事，他深信这种蹩脚的赝品不会骗到真正懂古董的人。

在玉石鉴定中心，鉴定人知道毕林父亲爱好收藏。他拿起玉印，随便看了看后，就说玉是没有真假之分的，心中有玉就是玉。

这种玄乎的话，毕林听了多少也明白了些，准备晚上与父亲好好谈谈。下班回家后，毕林看到老毕头正与老伴在书房里，两人各执一只放大镜，笑着细数一幅画上有多少人物呢。老毕头笑着说，这种古画上，人物画得越多越值钱，一个人物至少1000元。这上面有400多人，还不包括这几头牲畜呢。

毕林凑过去瞅了一眼，尽管光线不好，但还是清楚地看出，这明明就是早上小区门口地摊上那幅貌似《清明上河图》的旧画。

财商分析

如今，鉴宝类的电视节目越来越多，不少人都希望花上几十元或几百元，淘到一件价值几十万甚至几百万元的顶级藏品。结果，他们收获的往往只是一堆堆不值一文的赝品。

财商借鉴

千万别碰自己不了解的投资领域。

财商代表：**孙庆周**
财商关键词：**风险、投资、房地产**
财商值：**40**

一个房产投资者的失败样本

来源：新浪房产　作者：顾慧妍

“几天来都是吃的泡面，周末可以稍微改善一下。”孙庆周在“哧哧”作响的锅里倒下刚切好的牛肉，同时下锅的是刚买的荠菜馄饨。在这个20多平的屋里，住着孙庆周一家三口，两张小床，门口摆放着灶台，房间里乱七八糟的，还堆了一些书。“可以说，我现在租住的是棚户区内的棚户区。”孙庆周说。

从孙庆周开始决定买房的第一天起，到现在已经1563天了。在这1563天内，孙庆周从小业主到商铺老板，最后成为现在的租客，“这三年多，就像一场梦魇。”

孙庆周，江苏如皋人，本科毕业，上海某保险公司业务员，每月收入不定，三年来因投资房产商铺，将积蓄用完，现仍身欠数笔债务。

房子并非只赚不赔，首套房蚀本负债十多万

有人说，楼市不像股市，只有大涨，没有大跌。曾经的孙庆周坚信这是真理，如今的他仍相信这一点，“只是我的运气不佳。”为了证明这一理论的正确性，他指着抽屉里放着的一块天梭手表——他曾经投资楼市获利的见证。即使现在生活窘迫，他也不舍得卖这块表。

孙庆周第一次买房是在2007年春节之后，而那一次买房是以亏本告终的。其实，孙庆周家中本不是很殷实，那时的他也算是某个小外贸公司的一名部门主管。“同事亲戚都通过投资房产，两年赚了近40万元。他们说，等着工资来养活你，永远都是天方夜谭。”

2006年8月19日，为了进一步推进商业性个人住房贷款利率市场化，央行在上调人民币存贷款基准利率的同时，将其利率下限由贷款基准利率的0.9倍，扩大到0.85倍。眼看上海的房价开始水涨船高，孙庆周按捺不住了。

当年9月，孙庆周拿出近10万元的积蓄，又从亲戚家东拼西凑借了60多万元，问女友家借了30万元，投资买房。孙庆周说：“我不愿意贷款，喜欢一次性付清。问亲戚和女友家借的钱都是带有两分利息的。”2007年春节过后，孙庆周以每平方米1.2万元的价格，全款买下了长宁区一套92平方米的房子。在随后的半年中，这一价格升至每平方米1.5万元，“当时真的很兴奋，每晚都想象着今后的美好生活。”

然而，2007年9月，央行和银监会共同发布《关于加强商业性房地产信贷管理的通知》，规定对购买首套自住房且户型建筑面积在90平方米以下的，贷款首付款比例不得低于20%；对购买首套自

住房，且户型建筑面积在 90 平方米以上的，贷款首付款比例不得低于 30%；对已利用贷款购买住房，又申请购买第二套（含）以上住房的，贷款首付款比例不得低于 40%，贷款利率不得低于中国人民银行公布的同期同档次基准利率的 1.1 倍。

接下来的半年，房价一路下跌，造就了 08 年底最低迷的楼市。到 2008 年 11 月，房价跌到了每平方米 1 万元。“当时，亲戚朋友立刻开始催着我还钱，我无奈只好以每平方米 1 万元的价格再卖出去。扣除税费和利息，亏了 10 多万。”更为可悲的是，孙庆周所在的公司，因经营不善倒闭关门，他一下子失业了。

“要是我再晚些买房就好了，也不会亏成这样。”孙庆周叹着气，拨弄着手指，“然而现在已经来不及了。”

炒商铺，一场游戏一场梦

第一场投资失败后，孙庆周很不甘心：为何别人投资房产能赚，自己却落到如此田地。既然投资住宅不成，孙庆周开始打起了商铺的主意，“那时手机上总会收到商铺出售的短信，XX 板块，1 年回本，3 年开上宝马……当时因为欠债急昏了头，只想赌一把，赶紧把债还了。”

当时的孙庆周是保险公司业务员，负债 10 万，已育有一女。

经过一番勘察，孙庆周选中了宝山某街道的一间小铺，约 16 平方米，总价 25 万元。当时，这个商铺周围有多个住宅小区，居住条件成熟，居民购买力较强。而且，当时基本只有这一带有一些集中性的商铺，孙庆周认为这个商铺升值潜力巨大。

孙庆周买上保健品，回了趟老家，向父母讨要了 20 几万，并保证说“一定回本”。孙庆周是独子，父母见儿子有如此决心，便也松了口，又东挪西凑地拿了 20 几万。

孙庆周将刚买下的商铺以 4000 元 / 月租给了一家饰品店，年递增按市场情况再决定。本来投资回报不错，但好景不长，该街道的住宅小区开始拆迁。随着拆迁的推进，原本有购买力的居民也搬走了，饰品店根本无法经营下去，商铺又空了出来。租不出去也没法出手，这时，孙庆周的“商铺之梦”又破碎了。

如今，孙庆周的负债额上又加上了 20 万。“我没法回去见我的父母，那时候的孤注一掷，让我沦落到了现在这个地步。”

“假如你爱他，就劝他做商业地产，因为它的利润、回报太高；假如你恨他，也劝他做商业地产，因为它的风险实在太高，做不好就会血本无归。”这句话看似矛盾，但也揭示了商业地产的投资风险。

如今的孙庆周“谈房色变”，“我现在只想改善我的生活状况，不能亏了孩子，哪怕是我多跑些单子。”出于尴尬，他已经很久没有联系父母了，当问到会不会回老家的时候，孙庆周辛酸地摇了摇头，“还是像样点再回去吧。”

财商分析

投资是一场游戏，钱总是从失败者流向成功者。孙庆周只看到他人利用房产盈利，却没有做独立的思考和规划。这样的投资模式，不管是投资房产，还是投资其他行业，最终都会失败，甚至破产。

财商借鉴

要进入高利润行业，必须具备相应的能力，而且能够承受高风险。

测试 你适合哪种理财方式？

问题：如果你抓住一只奇珍异兽，认为它的价值在于——

A. 美丽的皮毛

B. 罕见的习性

C. 明亮的眼睛

测试结果

A. 你生性比较谨慎，本能地抗拒冒险，凡事不报侥幸心理，偏爱传统的投资方式，喜欢追求稳定的收益。对你来说，将收入进行定存、购买社保，是最稳妥的保值方式。

B. 你对自己非常有信心，敢于涉足新的渠道和领域，渴望有较高的投资收益，而且对风险有清醒的认识。对你来说，购买信誉良好的股票、债券，以及价格稳定的贵金属，是不错的选择。

C. 你喜欢冒险和刺激，为追求极度的成功，不惜破釜沉舟。幸好你有驾驭复杂局面的直觉和心理素质，能够接受资金的大幅度波动。对你来说，风险较高的金融品种，例如股票、基金、外汇、房地产、收藏品、期货，是必要的生财工具。

第五章

投身慈善——财富的一种修行

比尔·盖茨是世界上最富有的人，但他却勤俭节约，以省下每一分钱，帮助那些有需要的人；股神巴菲特，捐出九成身家，只为让财富回到最需要它的人手中；“台湾经营之神”王永庆，坚守着“有钱不做公益，是罪过；慈善才是财富最终的目的”“财富取之于社会，当用之于社会”的信念，帮助了无数需要帮助的人……他们致力于让自己的每一分钱变得更有意义——财富取之于社会，故当回报社会。

当然，慈善不仅与财富有关。彼得·巴菲特认为：“任何有志于从事慈善的人，只要认清自己内心的最大驱动力，都可以更有效地助人。”

一个高财商的人，不但要有赚钱的意识，懂得如何赚钱，树立正确的消费观，精通投资理财，更重要的是懂得回馈社会，让财富真正实现其价值。

让我们行动起来，投身于属于自己的慈善事业中。

财商代表：**曹德旺**
财商关键词：**慈善、回馈**
财商值：**90**

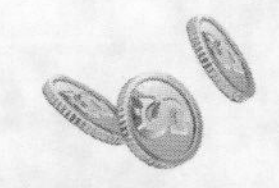

曹德旺：将慈善当作一种事业经营

来源：《当代青年·我赢》　作者：柳　军

曹德旺，福耀玻璃集团创始人、董事长，20年的时间，从一个一贫如洗的农民，逐渐发展成为中国第一、世界第二大汽车玻璃制造商。在公司逐渐壮大的过程中，曹德旺始终坚持慈善事业，坚持将慈善当作一种人生境界进行经营，曾被称为“中国首善”。

仰望星空，脚踏实地

曹家世代经商，家境殷实，然而在动荡的时局中变得一贫如洗。

曹德旺9岁开始读书，5年之后因为家境太艰难，不得不辍学回家放牛。之后为了谋生，他种过木耳，当过水库工地炊事员、修理员、知青和农技员，还倒卖过果树苗。凭着“让日子过得好一点”的简单愿望，经过多年的打拼，曹德旺终于摆脱了贫困。提及这段历史，曹德旺不但没有丝毫的抱怨，反而认为这是他人生中非常宝贵的财富。

1983年4月，曹德旺承包了福建福清市高山镇的一家年年亏损的乡镇企业——高山异形玻璃厂，当年就赚了20多万元。当地百姓都说，曹家世代向善，这是福缘，是善报。

敢叫日月换新天

1984年，曹德旺去武夷山旅游，给妈妈买了一根拐杖。当他把拐杖扛在肩上准备回家的时候，却被司机训斥了：“你小心一点，别碰坏了我的玻璃，几千块钱一块呢。”他开始思考为什么汽车玻璃如此之贵。通过广泛的调研，他发现当时中国的汽车玻璃基本上依赖进口，所以维修费用十分昂贵。敏锐的眼光让曹德旺断定中国的汽车玻璃市场大有可为。

有了进军汽车玻璃市场的想法，他毫不犹豫地开始准备。1985年，他不顾大家的反对，花费两万元从上海耀华玻璃厂购买了生产汽车玻璃的旧设备图纸，全力投入汽车玻璃的生产。

公司起步时步履维艰，曹德旺依靠人格魅力，诚信经商，到1987年，联合11个股东集资627万元，在高山异形玻璃厂的基础上，成立了中外合资的福耀玻璃有限公司，自此之后集团发展突飞猛进，一步步朝着更辉煌的业绩迈进。

他这样概括自己的“一时冲动”：“我一定要为中国人做出一块自己的汽车玻璃，他们都说我被骗了，我就跟他们讲，我曹德旺从不骗人，也不怕被人骗。现在

看来，我做对了。”说到这里，曹德旺嘴角微微上翘，露出得意的笑容。

穷则独善其身，达则兼济天下

曹德旺摆脱了贫困，手里一下子有了这么多钱，到底应该怎么花？他想起了美国心理学大师塞利格曼的话：“如果你想快乐一小时，就去睡个午觉；想快乐一天，就去野外活动；想快乐一辈子，就去帮助别人。”从小曹德旺的父母就谆谆教导他：“穷则独善其身，达则兼济天下。”曹德旺做到了。

2011 年，他捐出了曹氏家族持有的价值 35.49 亿元的 3 亿股福耀玻璃股份作为运营资本，正式成立河仁慈善基金会，首开股权捐赠做公益慈善的先河。河仁基金会在第 24 个世界艾滋病日，向中华少年儿童慈善救助基金会捐款 1000 万元；给中国扶贫基金会捐款 1000 万元，用于西部贫困山区学校改造；向“侨爱工程—点亮藏区牧民新生活计划”捐款 1000 万元，为藏区贫困牧民赠送马背上的电视机；为了解决专业公益人才短板问题，基金会在南京大学设立“河仁奖（助）学金”，鼓励更多的学生热爱公益慈善事业，致力于服务社会和弱势民众。2012 年，河仁基金会在北京务工人员集中的地区试点设立流动学校，探索解决进城务工人员后代受教育的难题。

曹德旺的设想正在一步步地变为现实。

财商分析

在曹德旺看来，一个企业家更重要的是担负起社会责任。他说：“我首先是中国人，然后才是企业家。有国才有家，国家兴亡，人人有责，没有国家的前途和尊严，哪有我们的前途和尊严？”拥有如此胸襟的人，自然配得上一份属于他的光辉和荣耀。这份光辉与荣耀背后，是曹德旺作为中国玻璃大王的创业艰辛和 66 年来一心向善、一生向学、一路向前的风雨人生路。

财商借鉴

财富不等于荣耀。只有把财富变成帮助别人的砝码时，财富与荣耀之间才能画等号。

财商代表：**比尔·盖茨**
财商关键词：**节俭**
财商值：**70**

花钱如炒菜，要恰到好处

来源：《西部财会》　作者：杨　黎

2004年2月，美国《福布斯》杂志公布：比尔·盖茨以其名下的净资产466亿美元，排名世界富翁首位。

然而，让人意想不到的是，这位世界首富没有自己的私人司机，公务旅行不坐飞机头等舱，衣着也不讲究什么名牌；更让人觉得不可思议的是，他还对打折商品感兴趣，不愿为泊车多花几美元……为这点"小钱"，如此斤斤计较，他是不是"现代的阿巴公（吝啬鬼）"？

可事实显示，比尔·盖茨并不是那种悭吝的守财奴——比如，微软员工的收入都相当高；比如，为公益和慈善事业一次次捐出大笔善款。他还表示要在自己的有生之年，把95%的财产捐出去……看来，这位世界首富跟那种"一掷万金、摆谱显阔"的富翁迥然不同。他是不是富者中的"另类"？他对金钱持有怎样的理念？

在比尔的妻子美琳达刚踏入微软的时候，她就被告知，比尔是个非常特别的人。对他而言，创业是他人生的旅途，财富是他价值量化的标尺。

"当你有了1亿美元的时候，你就会明白钱只不过是一种符号而已。"这就是比尔对金钱最真实的看法，"我只是这笔财富的看管人，我需要找到最合适的方式来使用它。"

比尔不喜欢因钱改变自己的本色，过着前呼后拥的生活，他更喜欢自由自在地独立与人交往。甚至见到熟人时，他还像从前一样热情地与他们打招呼："哦，你好，让我们去吃个热狗如何？"

在生活中，比尔也从不用钱来摆阔。一次，他与一位朋友前往希尔顿饭店开会，那次他们迟到了几分钟，所以没有停车位可以容纳他们的汽车。于是，他的朋友建议将车停放在饭店的贵客车位。比尔不同意。他的朋友说："钱可以由我来付。"

比尔还是不同意，原因非常简单，贵客车位需要多付12美元，比尔认为那是超值收费。比尔在生活中遵循他的那句话："花钱如炒菜一样，要恰到好处。盐少了，菜就会淡而无味；盐多了，苦咸难咽。"

所以，即使是花几美元，比尔也要让它们发挥出最大的效益。

婚后，比尔与美琳达很少去一些豪华的餐馆就餐，有时由于工作上的需要才不得不光顾一些高级餐厅。一般情况下，他们会选择肯德基，或是到一些咖啡馆。有时还会一起光顾一些很有特色的小商

店。在西雅图，有法国、俄罗斯、日本，以及南美一些国家的人开设的商店。在那里，还可以找到这些国家的一些特色商品。

一次，比尔与美琳达来到一家墨西哥人开设的食品店，这里被公认为西雅图最实惠的商店。刚一进店门，比尔就被“50%优惠”的广告词吸引，在不远处的葡萄干麦片的大盒包装上，的确写着这样几个字。比尔似乎不敢相信这个标价，因为同样的商品在本地的一些商店，比这里的价格高出一倍。比尔想得知它的真伪，便上前仔细端详。当他确认货真价实时，才付钱买了下来，并告诉美琳达：“看来这里的确如同人们所说的那样，我今天很高兴自己没有多掏腰包。”

对于自己的衣着，比尔从不看重它们的牌子或是价钱。只要穿起来感觉很舒服，他就会很喜欢。一次，比尔应邀参加由世界32位顶级企业家举办的“夏日派对”。那次他穿了一身套装，这还是美琳达先前在泰国普吉岛给他买来拍照时穿的衣服，样子还不错，只是价格还不到歌星、影星一次洗衣服的钱。但比尔不在乎这些，很高兴地穿着这套衣服参加了这次会议。他生活的信条就是：“一个人只有用好了他的每一分钱，他才能做到事业有成、生活幸福。”

平日里，如果没有什么特别重要的会议，比尔会选择便裤、开领衫，以及他喜欢的运动鞋，但是这其中没有一件是名牌。

他甚至掀起美国“抠门”时尚，带领出一批IT业新贵，人们戏称他们为YAWN，意思是“年轻、富有，但是普通。”

财商分析

比尔·盖茨在成为世界首富之后，依然保持艰苦朴素的作风，吃穿住行用都十分节约。他把大量财产用于投资和慈善事业，所以能在福布斯排行榜上屹立不倒。

智商借鉴

搞清楚每一分钱的来源和去处，才能让自己的财富实现保值甚至增值。

财商代表：**王永庆**
财商关键词：**节俭、慈善**
财商值：**90**

王永庆值得尊敬的一生

来源：《世界新闻报》 作者：吴 灿

对于台湾民众来说，“王永庆”这三个字已经是一代人的集体记忆，它代表一种奋斗精神、一种道德力量。

亲自为部下挂门诊号

大部分人知道王永庆，是从“石化大王”“台湾首富”等名头开始的。上世纪六七十年代出生的台湾人，都记得老师在课堂上讲述其白手起家的传奇，小学生写作文谈“我的志愿”，10个里面最少有4个写下：“将来长大我想当王永庆，成为一个有钱人。”同时，大家也在探寻这个有钱人究竟如何与众不同。

1916年在台北出生的王永庆家境贫寒，读到小学三年级就辍了学，15岁时在父亲手上借了200块开米店创业。当时各米店卖的米掺杂着很多杂质，唯独王永庆叫弟妹把米中的杂质捡出来，再卖给顾客。为了争取回头客，王永庆会把客户家有几口人登记在册，估摸着米快吃完了便送货上门。到客户家后，伙计先把旧米倒出来，将米缸擦拭干净，再将新米倒入缸中，然后再把旧米倒在上面。这样，米可以放久一点。就这样，“王家碾米厂”的生意红火了起来。

王永庆赢在什么地方？赢在人心。

创立台塑集团后，王永庆对待跟自己打天下的人也非常用心。一位台塑的主管回忆说，有一次他到王永庆办公室报告公事，见到王永庆，他先交代说前一天晚上与客户喝酒，残酒未退，加上受到腮腺炎影响，脸才会红红的。王永庆不悦地说“不会喝酒就不要喝”，但随后又询问这位主管看病没有。主管说看了脑神经科。王永庆说：“那样看不好的，没看对科。”他旋即拿起电话，打给长庚医院高层，指示马上为这位得腮腺炎的主管挂号。由此不难理解，台塑为何有那么多老员工在王永庆灵前失声痛哭。

“经营之王”的节俭人生

王永庆究竟有多有钱？据台湾“中华征信所”的资料显示，台塑旗下目前有员工近10万人，是台湾最会赚钱的企业和最大的民营企业。2008年福布斯排行榜公布的王永庆身价，高达68亿美元，位居岛内第二。但是谁能想到，这位富豪吃颗卤蛋都会嫌贵。

王永庆喝咖啡的习惯也说明了其如何节俭自持。与王永庆喝过咖啡的人都知道，王永庆把奶精倒入咖啡后，一定会再倒入些许咖啡到装奶精的小盒子里，将残留奶精涮出来再倒入咖啡，然后才慢慢享用。有位电视节目主持人回忆说，王永庆早年上她的节目，不是告诉大家如何发大财，

而是传授节省的小秘方，如家中肥皂用到最后时绝对不能丢掉，只要加水融合，还可贴在新肥皂上一起使用，一点不浪费。

王永庆从不讲排场，二十几年来都用着一辆1988年产的凯迪拉克，而且只有在台塑集团运动会或特殊场合送机、接机时，才能见到王永庆这台“古董车”，看得出老人家对物件的爱惜、节省。对于排场方面，剑湖山王子饭店的总经理萧柏勋回忆说，有一次王永庆过来，虽然早就知道他节俭的习惯，但考虑到身价与地位，还是为他安排了总统套房。但王永庆说：“不用那么大间，这样我晚上尿尿要走一大段，麻烦。”而后改成一般贵宾套房。

除了自己节省，王永庆也要求家人不要大手大脚。据说，有一次王永庆的小舅子从香港带了两条领带要送给他，明明一条1200元，小舅子怕被骂，于是少报了一个零，骗王永庆说一条只要120元。没想到隔天一早，王永庆还是把小舅子叫进办公室质问：“南亚做的领带一条才40元，为什么要从香港买一条120元的？”足足念叨了半个小时。有朋友要送名牌给王永庆的女儿，她们会婉拒说：“对不起，我们家不可以穿名牌。”

在内地捐30亿办学

看了以上种种，大家可能会觉得王永庆是个抠门大王，但是看看他在公益上的投入，就能明白为什么台湾民众对他如此尊敬。

台湾一些少数民族居民属于弱势群体，为此王永庆让这些少数民族子女到自己旗下的长庚技术学院学习护理专业，不但免除学杂费，还包吃包住，每月发1000块零用钱，十几年下来，花费了15亿新台币。

而在内地，王永庆捐赠30亿元人民币，预备兴建1万所希望小学，目前已经立案或发包兴建的有2300所小学，已完成的有500多所。在祖籍地福建安溪，王永庆捐赠了1.4万多套“电子耳”，帮助聋哑儿童开口说话，花费达15亿元人民币。四川大地震后，王永庆率先捐出1亿元人民币，网友纷纷在网上留言“希望王永庆长命百岁、两百岁！”“向这个老人家敬个礼。”

“吃东西是为了营养，喝东西是为了止渴，钱留下来是为了回馈给需要的人。”王永庆对待财富的这种态度，值得每个人深思。

财商分析

“有钱不去做公益，是一种罪过。”他一生中为慈善事业捐赠无数，是历史上捐款数额最多的台湾企业家。这就是看起来像守财奴一样的王永庆，能够赢得那么多人的钦佩和敬畏的原因。

财商借鉴

慈善不仅仅是富人的专利。慈善的真正内容，实际上正是“集腋成裘，聚沙成塔”。

财商代表：**霍英东**
财商关键词：**节俭、慈善**
财商值：**95**

霍英东："红色慈善家"

来源：《公益时报》　作者：柳　嘉

在不少香港人心目中，霍英东不但是香港富豪、国家领导人，更是全港捐献最多的大慈善家。有人统计，过去数十年来，霍英东用作慈善的捐款超过150亿元。

有人认为，霍氏这样大手笔的散财之举，源于他曾经历的淋巴腺癌。

1983年，霍英东癌症病发，似乎也就在这次病中，他的人生观、价值观有了很大的改变，仿佛突然间大彻大悟起来。后来经过众多专家的抢救，他才跳过鬼门关。而这场病却给了他人生最大的启迪：人活着，就要回馈社会。

自此，天下谁人不识君。

20多年后，他在洒脱中谢幕、慷慨中落幕，但他斗米自足、回馈社会的人生哲学，却至今闪耀着动人的光辉。

成就慈善传奇

霍英东原籍广东省番禺县，1923年5月生于香港一个水上人家。七岁失怙，与母姊相依为命。12岁时入读香港皇仁英文书院至中三，因抗日战争爆发而辍学，开始从事体力劳动养家，当过渡轮加煤工、机场苦力、修车学徒、铆工等。二十岁开设杂货店，首次当老板，两年后小店结业，他的生意愈做愈大，涉猎的范围越来越广阔。1945年转接父辈驳运业。1954年创办立信置业有限公司，经营房地产。此后，他的经营范畴涉及建筑、航运、旅馆、博彩、酒楼、百货、石油等业务，成为一时佳话。

改革开放后，霍英东致力祖国改革开放和社会公益事业的心情更加强烈，对钱财问题看得比以前更淡。1984年，他宣布出资10亿港元，成立"霍英东基金会"，通过投资和捐赠形式，参与中国内地的经济建设和社会福利事业。而在此之前，霍英东已经捐了不少钱，在内地兴建了不少项目。

在家乡番禺县，霍英东除了与何贤等人共同捐资建番禺宾馆、大石大桥外，还捐款1000万港元，兴建洛溪大桥。洛溪大桥横跨珠江航道，全长1900多米，是沟通广州市和番禺的主要通道。该桥通车后，广州至番禺县城市桥只需一个小时，比以前减少了一个小时以上。

继大石大桥和洛溪大桥后，霍英东又捐资3000万港元，在番禺县兴建沙湾大桥。为了选好桥址，少占农田，霍英东亲自与专家、技术人员到实地勘探，反复审核设计方案。沙湾大桥举行奠基典礼时，正在北京参加政协六届四次会议的霍英东，专程赶回家乡参与动工典礼。

“我的捐赠是大海里的一滴水”

佛家说，人的成长经历了从自觉、觉他、尔后圆满的过程，霍英东堪称表率。

他在病后的一次演讲中曾这样说：“……对人生祸福得失，我不敢说看得很透，‘人生易老，天难老’，‘人寿几何’，能毫无所感？个人生活的需要，老天爷是有尺寸的，不能多占多用，不管心里怎样想，生理有个极限，真是‘万顷良田一斗米，千间房屋半张床’，我的胃纳还算不错的了，自问一顿吃不下一斗米。到我这样年纪的人，人世间许多事都看过，今天虽然事业薄有所成，也懂得财富来自社会，也应该回报于社会。社会的进步发展，是一代人一代人奋斗积累的结果，从个人来说也希望为桑梓造福，为子孙积德，历史长河就是这样延续发展向前的。”

不善言辞的他道出他自己命运的偈语，“红色资本家”给自己的红注入了别样光辉，慈善和捐赠，成了他生命中最重要的工作内容之一。

据统计，过去数十年来，霍英东用作慈善的捐款超过150亿元。以他的名字命名的“霍英东基金会”于1977年正式成立，基金会一直以捐献和非牟利投资形式，策划了数以百计的项目，尤其是在推动各地教育、医疗卫生、体育、科学、文化艺术、山区扶贫、干部培训等方面，做了难以胜数的工作。

霍英东酷爱体育运动，对推动香港及内地的体育事业不遗余力，尤其是在足球方面。他在1984年10月，捐赠1亿港元设立体育基金，至今二十多年来，已累计投入4亿港元，包括在内地和港澳各地建设二十多个现代水平的各种体育运动基地、中心、场馆和设施，奖励在运动比赛中取得优异成绩的体育人才等。

晚年他致力开发位于珠江西岸的南沙港，并为之投入极大心血。南沙项目对联结香港、支持珠三角与广东经济建设有极大贡献，尤其是促进珠三角西岸的繁荣。

在内地各种大大小小的慈善大会上，霍英东都膺列其中。可能是因为散财之广、之多，当有人问他这一生到底捐了多少钱时，他竟难以回答：“我的捐款，就好比大海里的一滴水。”

如今斯人远去，其爱国益民之举长留，更重要的是，他的财富观和人生观也将流芳未来。

财商分析 有人做过这样的统计，20年间，霍英东用作慈善的捐款远远超过150亿元。而20多年后，当他在洒脱中谢幕时，留给世人的却是无尽的遐想与感叹。不积小流，无以成沧海。慈善不只是富人的事，每个人都应该有一颗回馈社会的心。

财商借鉴 财富积累到一定程度，它的社会效应远远大于经济效应。

财商代表：**陈光标**
财商关键词：**慈善、炒作**
财商值：**90**

陈光标：镁光灯下带刺的“善人”

来源：《经典阅读》　作者：连立新

有时候，你会忍不住去怀疑，究竟是时代变了，还是我们变了？我们总是不惮以最坏的恶意去揣测别人，却总以最大的宽容来为自己开脱；我们对各种失足者极尽讨伐之能事，却总不愿意去想想自己是否能比他们做得更好；我们习惯在虚拟的世界里对各种悲剧幸灾乐祸，却在自己“杯具”的时候觉得这都是这个时代的错。可是，如果周围都是错的，我们自己又做了什么？

贫穷淬炼出的精明

陈光标出生于江苏省泗洪县天岗湖乡，那是一个以“穷困”闻名的地方，靠种地为生的父母，生养了5个孩子。在陈光标两岁的时候，一个哥哥、一个姐姐因为家庭极度贫困，先后饿死。小学三年级时，因为交不起学费面临失学危险，他自谋生路，从二三十米的深井中打上水来挑到两公里以外的镇上叫卖，给1分钱随便喝，一个暑假挣了4块多钱，不仅给自己交了学费，还替邻居家的薛刚交了1.8元学费。或许，这是他人生中第一次做“慈善”。四年级暑假，他背着保温箱走街串户卖起冰棍；五年级，他空手做起贩粮的生意；初一时，他雇了一辆拖拉机拉粮食，还请了两个同学帮忙。到了初二暑假，拖拉机增加到两台，请来帮忙的同学也成了4个人；初三，陈光标已经在银行有了1.37万元存款，成了全乡第一个“少年万元户”。

少年时的经历，让陈光标对自己的生意头脑极为自信，他对人说：“如果我不做慈善，不捐钱，我现在的身家应该进入中国富豪榜前10位，因为我读小学时就表现出非凡的经商智慧。”

2008年“5·12”汶川地震发生后，陈光标第一时间组织起一支由120名操作手和60台大型机械组成的救援队，千里奔赴灾区救灾。他站在总理身边，与成龙、濮存昕、刘德华等明星一起亮相灾区。自此，美誉纷至沓来，他也正式超越曹德旺，成为一时风头无两的新晋“中国首善”。其时机拿捏之准、“做秀”功夫之深，由此可见一斑。

高调引发争议慈善

如果一直沿着商人的轨迹走下去，陈光标也许只是中国南方某个小县城里的传说，或者是被胡润揪上“杀猪榜”的某

“待失足富豪”。事实正好与此相反，天才商人陈光标选择了在事业发展的最关键时期去做慈善，去以天才的方式做天才的慈善——敲锣打鼓地把自己辛辛苦苦挣到的钱财，送到那些他认为比他更需要钱的人手里，然后告诉全世界。

这个世界上需要钱的人太多了，但并不是所有人都喜欢被恩赐，尤其是在这种恩赐还被赐予者刻意去放大的时候。在这个讲究面子的人情社会，不但施舍者需要面子，被施舍者往往比施舍者有着更为强烈的自尊。陈光标大张旗鼓的送钱行为，很难不被人质疑他的方式，甚至动机。尤其是，他的钱还送到了某些人眼中“比西部富裕很多倍的台湾”，说他“沽名钓誉”“利用慈善宣传自己的企业”的大有人在。他违背了“做好事不留名”的古训，他“授人以鱼”而非“授人以渔”，他送钱的同时还附带着让对方成为众目睽睽下的“食嗟来之食者”……所有这一切，都让他与一个慈善家的形象相去甚远，人们宁愿相信，他是一个不怀好意的表演者。

明知出力不讨好

在网上搜索陈光标的新闻，几乎是一边倒的正面形象，但你再与一个知道陈光标的人谈谈，又几乎是一边倒的质疑。这种对比，让人们怀疑那些关于他的报道是否足够客观。作为一个自称“如果我给了别人100元，不说出来我心里难受”的人，你不用怀疑他是否知道别人对自己的非议。他有自己的回应方式——面对的质疑声音越多，他的行善方式就越高调；你越是觉得他应该收敛一点，他越是拿着厚厚的捐款发票本频繁地穿梭于各个电视台做自我宣传。

这是一个只要自己认准了，就会一条道走到黑的人。不用怀疑他的智商，从白手起家到身家数十亿，这个地球上没几个人能做到；当然你也不用纠结自己是不是以“小人之心”度了“君子之腹”，也许，比起站在旁边唾沫横飞地去争辩究竟他该如何行善，不如省下口水去劝那些吝于行善的富人做点改变，毕竟，正如陈光标自己所言：“就算是做秀，我也是用真金白银在做秀。”

舞台不那么透明

如同你爱一个人，但并不会要求这个人是个完人一样，我们敬佩陈光标高喊着口号的乐善好施，但却并不讳言他行善过程中的一些疑点。陈光标的行善足迹遍布全国，行善金额令人惊诧，赖以支撑其行善的后盾，是其自己经营的江苏黄浦再生资源利用有限公司。但在江苏黄埔的官方网站上，你很难找到与公司的经营状况有关的任何实质性信息。2009年，这家公司的利润仅为4.1亿元，而在各大媒体的报道文章中，陈光标的捐款金额已达十几亿。陈光标提供的一组统计数据标明，2009年江苏拆除民房5200万平方米，拆除工业厂房2600万平方米，在这个共计7800万平方米的“蛋糕”中，黄浦公司拿到了其中的23万平方米，营业收入7000万元，净利润仅300万元，而陈光标这一年在江苏的捐款达到3600万元。问题来了，他捐出去的钱是不是有点太多了？

尽管陈光标一再强调：10年来，自己没有找关系、走后门做过一分钱生意，但他还是拿到了“长安街扩宽项目拆除”“央视过火大楼拆除工程”等一些令人羡慕的大项目。这也许能说明一些问题，至少你可以看出，高调慈善，对他也不是完全没有好处的。

请不要不怀好意地围观

陈光标的高调慈善，让许多跟他同类的富豪感到头疼。这是可以理解的，因为陈光标越是拿财产不当财产地大肆散钱，越反衬出其他富豪像葛朗台。让人难以理解的是，很多平头百姓也对陈光标的慈善指指点点，预言陈光标迟早出问题的人大有人在，不少人“坐等”看陈光标的笑话。今天这个社会，贫富差距空前悬殊，贪官污吏层出不穷，各种歪风邪气此消彼长，不断滋生。我们对这些都能采取见怪不怪的自动默认型包容，却不能包容一个正在拿着自己辛苦赚来的真金白银做慈善的人？

陈光标式慈善，也许根源于他自称的“小红花情结”，也许根源于他乐善好施的天性，也许根源于他对现行慈善制度的不信任，也许根源于他对企业长远发展的考虑而如某些人所说“在用慈善包装自己”……但相比于在他高调慈善的时候以看客的姿态指指点点，我们更应该扪心自问：如果你自己如他一样坐拥万贯家产，你舍得把这些家产散发给素不相识的穷人吗？在一个连学校发个奖学金、助学金都要让贫困学生在大会上排队上台给相关领导长脸的时代，陈光标的慈善方式真的有那么让人不可接受吗？至少，某个家庭可以不再那么拮据，某个孩子有了大学的学费，某位父亲不用再为供养不起孩子自责。所有这些微小的改变，喷唾沫星子的你，能做到吗？

财商分析

我们坚决捍卫每一个人说话的权利，言论的自由是人之为人的基本保障。但我们也许更应该牢记一句古训：“己所不欲，勿施于人。”把来之不易的权利用在更有用的地方，而不是苛责一个至少目前看来还是在用心做慈善，把取之于社会的财富用之于社会的人。

财商借鉴

慈善是一件装饰品，更是一个标签，用来标识那些有良心的富人。

CAISHANGCESHI

测试 你内心的慈善度有多高？

提及慈善，很多人都觉得那只是一些有钱有名的人闲来无事玩的小把戏，例如一些明星、企业老板等等，跟我们这些普通人没有什么关系。但是慈善的意义却恰恰相反，那些没有钱的普通人所做的公益事业，才能彰显慈善的真正含义。你内心的慈善度到底是有多高呢？快来测一测吧！

1. 你总是很害怕面对一些竞争吗？

是的——2

不是——3

2. 你的性格是乐观还是悲观？

乐观——3

悲观——4

3. 大风天与大雨天你更喜欢哪一个？

大风天——5

大雨天——4

4. 你觉得你的心里面住着一个魔鬼吗？

是的——5

不是——6

5. 其实你很希望自己处在一个快意恩仇的江湖世界里吗？

是的——6

不是——7

6. 如果有人一直跟你攀比，你会怎么做？

索性把他比下去——7

不想见到这个人，避开他——8

迂回地应对——9

7. 对着半生半熟的人你说不出话，对着完全陌生的人，你反而可以侃侃而谈吗？

是的——8

不是——9

8. 对于学生时代的一些糗事，你很想一一抹杀掉吗？

是的——9

不是——10

9. 你上班会自己带便当吗？

是的——11

不会——10

10. 不带的原因可能会是？

太麻烦——11

不会做——12

其他原因——13

11. 当看到某些身手健全的人跑来跟你乞讨，你会？

心里暗骂对方——12

不理对方，漠然走开——14

还是会给对方一些财物——15

12. 你现在开始去看一些反映社会人伦道德的影片了吗？

是的——13

不喜欢看——15

一直就有看——14

13. 你现在很羡慕有钱人的生活吗？

是的——14

不羡慕——15

14. 你有过给在街头、地铁、天桥卖艺者钱的经历吗？

有——15

没有——16

15. 是在什么情况下给的呢？

有零钱的情况下——16

有心情的情况下——17

表演不错的情况下——18

看他可怜的情况下——19

16. 如果跟一个帅哥谈恋爱，你是不是觉得很没有安全感？

是的——17

不是——19

17. 跟着“抠门”的人一起吃饭，你会坚持 AA 吗？

会——19

不会——18

18. 如果你是老板，新年开工第一天，你会给员工多少利是？

66 元——E

88 元——C

100 元——20

19. 读书或步入社会之后，你有去社会上参加过一些公益活动吗？

有——20

没有——F

20. 如果有机会，你可能会去哪里度过你的晚年？

寺庙里——A

某个小乡村——B

某个小岛上——D

测试结果

A. 慈善大家型

慈善度：95%

你是一个有大家风范的人，即使是在贫穷的时候，你也不会为了柴米油盐而将自己变成一个俗不可耐的庸人，你仍然有自己的追求。这样的你，一旦渡过了现在的难关，进入中产阶级甚至富人的行列，你将会十分热衷于慈善事业。这不仅仅是对一些素不相识而需要帮助的人而言，因为你会首先帮助你身边的人渡过难关，而且不仅仅是帮他们

渡过眼前的难关，而是索性帮助他们找到自己人生的目标与方向。

B. 外冷内热型

慈善度：80%

别人其实都觉得你是一块冰，冷得难以靠近，但其实你的内心如一盆火。你是一个敏感又缺乏安全感的人，你极容易被一些事情打动，随即流下眼泪。但是奇怪的是，你就是不愿意让别人看到你如此柔弱的一面。因为你害怕被人看穿，所以不得不用冷漠来隐藏真实的自我。如果做起慈善事业，你大概也是一个做了善事不愿意留下姓名的人，因为你会觉得，为了壮名声去做一个善举，就是有悖于自己做善事的初衷。

C. 随性而为型

慈善度：75%

对你这样一个随性而为的人来说，你的内心是无比纯真与善良的，这一点没有人会否认。你不舍得去伤害人，对别人的困难或者不如意也持有同情心。你骨子里的善良却不一定会经常表现出来，并不是说你是一个冷漠的人，而只能用你实在是太懒来解释。你觉得慈善什么的，总的说起来，都是一件太麻烦的事情。因此虽然你心有慈善，却也仅仅是在心血来潮的时候展示一下，一般情况下，你都是避开它们远远的。

D. 有所保留型

慈善度：60%

你总是说得比唱得好听，很讨人喜欢，一到关键时刻，便是“雷声大，雨点儿小”。如此时间长了，恐怕别人就会对你抱有某种偏见了。可是，对你来说，你也有自己的难处与看法。慈善事业不是一朝一夕的事情，帮得了人一时，帮不了人一世，更何况自己的钱也不是天上掉下来的，也是自己辛辛苦苦一分一分地赚回来的。自己辛苦赚来的钱，全部填进无底洞，实在不太明智。当然，你也会站出来做一些事情，但是会有所保留。

E. 尚未觉悟型

慈善度：51%

关于慈善一事，你犹如一个未启蒙的小学生。虽然人有一种本能是同情弱者，但是你却不知道如何去施予帮助，因为你的内心告诉你自己，你是一个很弱小的人，根本没有多余的能力去帮助别人。其实这只是你对慈善的认识太过肤浅，你觉得一定要有钱才可以帮助别人。事实上并非如此，一个没有钱的穷人，也可以去号召，或者拿起募捐箱为弱者呐喊呼吁，不一定非要自己出钱才算是慈善。只要有心，无处不慈善。

F. 有所欠缺型

慈善度：39%

对一个现实的人而言，“人之初，性本善”虽然也存在于你的身上，但善举终究还是被现实的残酷压到了内心的深处。或许在你并不算太有钱或者实力太雄厚之前，没有人会对你苛责什么，能够有所付出，已经算是不错的了。但倘若有一天你的实力超过了身边的人，仍然对一切需要帮助的人或事持冷眼旁观的态度，那么你将会受到不少非议。